★ 学府全日制　考研梦工厂 ★

1. 自建个性化考研全日制校区
学府考研全日制校区位于西安市长安区马王镇西周车马坑遗址保护区内，占地约39000平方米，是全国为数不多的自建考研全日制集训专用校区。

2. 全封闭军事化管理、高三式辅导
校区开设半年、暑假、秋季、冲刺全日制考研集训及名校定向协议保录全日制集训，提供全封闭教学、高三式辅导，吃住学一站式服务。

3. 自主研发标准化教学、教材体系
教学体系及所有上课教材、讲义均由学府教研团队历时三年自主研发而成，具有极强的针对性和辅导效果，历经数万学员检验，成效显著。

4. 完善的学管师、班主任督学服务
全程管家套学习计...

全日制校区开设班型

普通全日制集训	会计硕士全日制集训
热门专业全日制集训	个性化名校精英定制全日制集训
名校定向协议保录全日制集训	个性化1对1名校定向协议保录全日制集训

更多详情请扫描下方二维码

扫一扫关注微博

扫一扫关注微信

学府全日制校区 校园实景

位于陕西省西安市长安区马王镇
国家重点文物保护单位西周车马坑遗址保护区内
全封闭校园环境优美，绿树成荫，是考生学习的绝佳场所

全日制校区欢迎您的到来~

概率统计30年真题超精解

(数学一)

屈海亮 编

西北工业大学出版社

【内容简介】 本书汇集了1988—2017年全国硕士研究生入学统一考试数学一试题中的所有概率论与数理统计题目,并按照考研数学考试大纲规定的章节和题型进行分类编写,将不同年份、相同考点和题型的试题归纳在一起,内容翔实,栏目设计合理,且做到一题多解,具有独到之处.本书涵盖了历年考题中所有的题型和解题方法,并针对每类题型给出相应的知识要点和解题思路,做到知识点融会贯通,使考生在复习过程中做到有的放矢,心中有数.

本书可作为备战2018年研究生入学考试的学生、提前备战2019年研究生入学考试的学生的辅导用书,也可供从事本专业教学的教师参考.

图书在版编目(CIP)数据

概率统计30年真题超精解. 数学一 / 屈海亮编. —西安:西北工业大学出版社,2017.5
ISBN 978-7-5612-5322-9

Ⅰ.①概… Ⅱ.①屈… Ⅲ.①概率统计—研究生—入学考试—题解 Ⅳ.①O211-44

中国版本图书馆CIP数据核字(2017)第102199号

策划编辑:杨　军
责任编辑:张　潼

出版发行:西北工业大学出版社
通信地址:西安市友谊西路127号　　邮编:710072
电　　话:(029)88493844　88491757
网　　址:www.nwpup.com
印　刷　者:西安新华印务有限公司
开　　本:787 mm×1 092 mm　　1/16
印　　张:8.25
字　　数:189千字
版　　次:2017年5月第1版　2017年5月第1次印刷
定　　价:19.80元

风雨考研路　学府伴你行

"学府考研"是学府教育旗下专业从事考研辅导的品牌！

"学府考研"是一个为实现人生价值和理想而欢聚一堂的团队。2006年从30平方米办公室起步，历经十年，打造了一个考研培训行业的领军品牌。如今学府考研已发展成为集考研培训、图书编辑、在线教育为一体的综合性教育机构，扎根陕西，服务全国。

学府考研的辅导体系满足了考研学子不同层面的需求，主要以小班面授教学、全日制考研辅导、网络小班课为核心，兼顾大班教学、专业课一对一辅导等多层次辅导。学府考研在教学中的"讲、练、测、评、答"辅导体系，解决了考研辅导"只管教，不管学"的问题，保证学员在课堂上听得懂，课下会做题。通过定期测试，掌握学员的学习进度，安排专职教师答疑，保证学习效果。总结多年教学实践经验，学府考研逐渐形成了稳定的辅导教学体系，尽量做到一个学员一套学习计划、一套辅导方案，大大降低了学员考取目标院校的难度。在公共课教学方面实现零基础教学，在专业课方面，建立了遍及全国各大高校的研究生专业信息资源库，解决考生跨院校、跨专业造成的信息不对称、复习资料缺乏等难题。

"学府考研"的使命是帮助每一个信任学府的学员都能考上理想院校。

学府文化的核心是"专注文化"。

"十年专注，只做考研"。因为专业，所以深受万千考研学子信赖！

"让每一个来这里的考研学子都成为成功者"。正是这种责任，让学府考研快速成为考生心目中当仁不让的必选品牌。

人生能有几回搏，三十年太长，只争朝夕！

同学们，春华秋实，为了实现理想，努力吧！

学府考研总部 | 全国统一客服电话 400-090-8961
陕西·西安友谊东路75号新红锋大厦三层

学府官方微博　　　　　　　　　　　学府官方微信

致学府图书用户

亲爱的学府图书用户:

您好!欢迎您选择学府图书,感谢您信任学府!

"学府图书"是学府考研旗下专业从事考研教辅图书研发的图书公司!

为了更好地为您提供"优质教学、始终如一"的服务,对于您所提出的宝贵意见与建议,我们向您深表感谢!

若我们的图书质量或服务未达到您的期望,敬请您通过以下联系方式进行告知。我们珍视并诚挚地感谢您的反馈,谢谢您!

在此祝您学习愉快!

学府图书全国统一客服电话:400-090-8961

学府图书质量及服务监督电话:15829918816

学府图书总经理投诉电话:张城18681885291 投诉必复!

您也可将信件投入此邮箱:34456215@qq.com 来信必回!

图书微博　　　　　　图书微信　　　　　　图书微店

前　言

在考研复习的过程中,同学们都听过这样一句话——"得数学者得天下".从这句话中就能反映出来数学在考研科目中举足轻重的地位,因为在统考的三门科目(数学、英语、政治)中数学的分值最高,为150分.不仅如此,数学也是复习周期最长、难度最大、技巧性最强的一门课程.因此数学成绩的高低,在很大程度上决定着考生能否考上理想的名校.

在漫长的考研数学复习过程中,很多考生比较关心的是如何选择合适的复习参考书.众所周知,历年真题是所有考研复习资料中最重要的,也是必不可少的,其重要性主要体现在以下几个方面:

1.真题是历届考试命题组老师们集体智慧的结晶,题目经典,又有规律可循,通过复习历年真题考生可以掌握命题规律,把握复习重难点.

2.真题蕴含着命题的指导思想、基本原则和命题趋势,反映出考研数学大纲对考生的基本概念、基本理论和基本方法掌握水平的要求.

3.真题帮助考生明确复习的基本方向以及把握复习过程中做题的难易程度,通过真题不难发现历年真题题目的难易程度是相对稳定的,尤其是从2003年以后,考研数学满分从原来的100分增至150分,试卷从结构、知识点覆盖面和题目难易程度上都保持了很好的稳定性,这也使得考生在复习过程中更要注重历年真题的研究.

本书汇集了1987—2017三十多年数学一真题题目.这些题目是考生了解、分析和研究考研数学最宝贵、最直接的渠道.虽然市面上关于考研数学真题的复习参考书种类有很多,但这其中大部分不能和考生复习数学大纲考点的顺序保持一致.为了方便考生对考研数学大纲知识点的系统复习,笔者根据多年的考研辅导经验精心编写了30年真题超精解系列书,本书具有以下几大特点.

1.全　本书汇集了自1987年以来全国硕士研究生入学统一考试数学一试题中的所有概率论与数理统计题目,通过全面复习真题可帮助考生总结出考研数学命题的规律和方向,掌握复习的重点和难点,为考生取得高分打下坚实的基础.

2.广　本书是按照数学考试大纲规定的章节和题型进行分类解析的,将不同年份、相同考点和题型的试题归纳在一起,并给出详细的解答.本书涵盖历年考题中所有的题型和解题方法,这样便于考生在复习过程中,通过真题超精解把握考研数学的常考题型、解题方法和技巧;做到知识点之间的融会贯通,进而掌握试题的广度和深度,并在复习过程中做到有的放矢、心中有数.

3.精　本书中每类题型都给出知识要点和解题思路,所有的试题都给出详细的解答过程,并尽量做到一题多解,其中很多试题的解法是笔者根据多年的考研辅导和教学经验总结出来的,具有独到之处.本书在对题目详解的基础之上,给出名师评注,这样可以培养考生独立思考和解决问题的能力,达到举一反三,触类旁通的效果.

在本书编写过程中,限于笔者的水平有限,书中的疏漏和不足之处在所难免,恳请读者和同行给以批评指正.

最后希望本书能对大家在考研高等数学的复习中有所帮助,祝同学们备考顺利,考研成功!

编 者

2017 年 1 月

目 录

第一章　随机事件和概率 ·· 1
　　考情分析 ·· 1
　　考点清单 ·· 2
　　真题全解 ·· 2

第二章　随机变量及其分布 ·· 16
　　考情分析 ·· 16
　　考点清单 ·· 17
　　真题全解 ·· 18

第三章　多维随机变量及其分布 ·· 31
　　考情分析 ·· 31
　　考点清单 ·· 32
　　真题全解 ·· 32

第四章　随机变量的数字特征 ·· 57
　　考情分析 ·· 57
　　考点清单 ·· 58
　　真题全解 ·· 58

第五章　大数定律与中心极限定理 ·· 85
　　考情分析 ·· 85
　　考点清单 ·· 85
　　真题全解 ·· 86

第六章　数理统计的基本概念 ·· 87
　　考情分析 ·· 87

考点清单 ………………………………………………………………………… 87

真题全解 ………………………………………………………………………… 88

第七章　参数估计 ………………………………………………………………… 95

考情分析 ………………………………………………………………………… 95

考点清单 ………………………………………………………………………… 96

真题全解 ………………………………………………………………………… 96

第八章　假设检验 ………………………………………………………………… 118

考情分析 ………………………………………………………………………… 118

考点清单 ………………………………………………………………………… 118

真题全解 ………………………………………………………………………… 119

参考文献 …………………………………………………………………………… 121

第一章 随机事件和概率

考情分析

考试概况

"随机事件"与"概率"是概率论中最基本的两个概念."独立性"和"条件概率"是概率论中特有的概念,条件概率在不具有独立性的场合扮演一个重要的角色,它也是一种概率.正确地理解和应用这四个概念是学好概率论的基础.掌握事件的关系和运算是计算各种事件概率的基本前提.考研大纲中规定了以下考试内容:

(1) 了解样本空间(基本事件空间)的概念;理解随机事件的概念;掌握事件的关系及运算.

(2) 理解概率、条件概率的概念;掌握概率的基本性质;会计算古典型概率和几何型概率;掌握概率的加法公式、减法公式、乘法公式、全概率公式以及贝叶斯公式.

(3) 理解事件独立性的概念,掌握用事件独立性进行概率计算,理解独立重复试验的概念,掌握计算有关事件概率的方法.

命题分析

本章是概率论和数理统计的基础,近几年来单独出本章的考题较少,平均两三年考查一个小题,大多情况下作为基本知识点出现在后面的各章考题中.

本章考查的重点有事件的关系与运算、概率的性质、概率的五大公式(加法公式、减法公式、乘法公式、全概率公式和贝叶斯公式)、三大概型(古典概型、几何概型和伯努利概型).一部分考生对做古典概型中的难题有困难,其实考试大纲要求只要会计算古典概型和几何概型中一般难度的题就可以了,所以考生不要刻意去做各种复杂的题.

本章的选择题或填空题一般都会综合三四个考点进行考查,但是计算量都不会太大.

趋势预测

根据历年考研真题的命题规律,2018年考研本章的命题形式还是以选择题或填空题为主,主要考查内容为利用常见概率公式计算简单的概率.不会出现解答题等高分值的题目.

复习建议

通过研究历年考研真题的特点,考生应该从下面几个方面进行复习:

(1) 理解并熟记有关概率的基本性质与基本公式,会利用事件的关系和概率公式计算常见概率.

(2) 会计算简单的古典概型概率和几何概型概率.能够将实际问题抽象成古典概型或者几

何概型进而计算事件的概率.对于古典概型的概率,没有必要去做难题和偏题.

(3) 理解事件独立性的概念和独立重复试验的概念,其中二项概率公式是计算相关概率的主要方法.

考 点 清 单

1. 古典型概率和几何型概率　　　　　　　　　　　　　　31年5考
2. 概率的基本性质与基本公式　　　　　　　　　　　　　31年10考
3. 全概率公式与贝叶斯公式　　　　　　　　　　　　　　31年3考
4. 事件的独立性与独立重复试验　　　　　　　　　　　　31年6考

真 题 全 解

一　古典型概率和几何型概率(31年5考)

1. 知识要点

(1) 古典型概率.若一个试验具有下列两个特征:① 试验中所有可能出现的基本事件只有有限个;② 每个基本事件出现的可能性相等,则称该试验为古典概型.

(2) 几何型概率.若一个试验具有下列两个特征:① 每次试验的结果是无限多个,且全体结果可以用一个有度量的几何区域 Ω 来表示;② 每次试验的各种结果是等可能的,则称该试验为几何概型.

2. 解题思路

(1) 古典型概率的计算方法:

1) 确定试验是否为古典概型;

2) 确定试验的样本空间所包含的基本事件数 n;

3) 确定事件 A 所包含的基本事件数 m;

4) $P(A) = \dfrac{m}{n}$.

(2) 几何型概率的计算方法:

1) 根据问题选取合适的参数;

2) 用参数表示出样本空间 Ω 和所求事件 A 的取值范围;

3) 建立适当的坐标系;

4) 在坐标系上找出样本空间 Ω 和所求事件 A 对应的几何区域,根据公式求出 $P(A)$.

注:求几何概率的关键是对样本空间 Ω 和所求事件 A 用图形描述(一般用线段、平面或空间

图形),然后计算出相关图形的度量(一般为长度、面积或体积).

真题 1 (88 年,2 分) 在区间 (0,1) 内随机地取两个数,则事件"两数之和小于 $\frac{6}{5}$"的概率为_____.

【分析】 随机地取两个数为 x,y,则 (x,y) 可以看成区域 $D=\{(x,y)\mid 0<x<1, 0<y<1\}$ 内的点的坐标,本题是一个二维几何型概率问题,利用面积值之比进行求解.

【详解】 应填 $\frac{17}{25}$.

设正数 $x,y\in(0,1)$,由 (x,y) 所构成的点的全体为区域 $D=\{(x,y)\mid 0<x<1, 0<y<1\}$(见图1-1),其几何面积为 $\mu(D)=1$.记事件 A 为"两数之和小于 $\frac{6}{5}$",即 $x+y<\frac{6}{5}$,其几何面积为 $\mu(A)=\frac{17}{25}$.

于是
$$P(A)=\frac{\mu(A)}{\mu(D)}=\frac{17}{25}$$

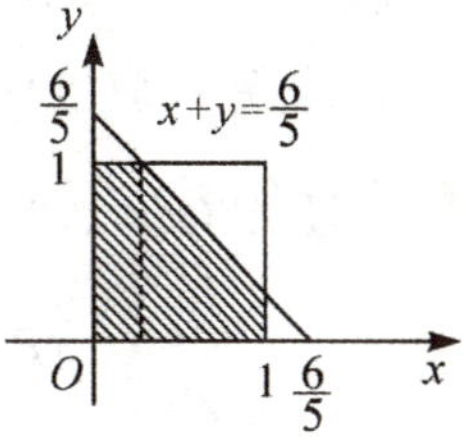

图 1-1

名师评注

本题主要考查几何概率(也可以用第三章的二维均匀分布进行求解).审题时,注意理解"随机地取"表示"等可能性",此类问题求解的关键在于如何将可能结果与某区域中的一个点对应起来,这个区域可以是一维的,也可以是二维的,甚至可以是三维的,然后求出题目要求的区域和可能结果所对应区域的长度、面积或体积之比.

真题 2 (91 年,3 分) 随机地向半圆 $0<y<\sqrt{2ax-x^2}$ ($a>0$) 内掷一点,点落在半圆内任何区域的概率与区域的面积成正比,则原点和该点的连线与 x 轴的夹角小于 $\frac{\pi}{4}$ 的概率为_____.

【分析】 由"随机地向半圆内掷一点"可得,本题是二维几何概率,画出图形利用面积之比求解概率.

【详解】 应填 $\frac{1}{2}+\frac{1}{\pi}$.

设随机地向半圆 $0<y<\sqrt{2ax-x^2}$ 内掷一点的坐标为 (x,y),那么样本空间为 $\Omega=\{(x,y)\mid 0<y<\sqrt{2ax-x^2}\}$.

原点与该点的连线与 x 轴的夹角小于 $\frac{\pi}{4}$ 的事件 A 表示为图1-2所示阴影部分区域.因此所求概率为

$$P(A)=\frac{S_A}{S_\Omega}=\frac{\frac{1}{4}\pi a^2+\frac{1}{2}a^2}{\frac{1}{2}\pi a^2}=\frac{1}{2}+\frac{1}{\pi}$$

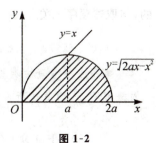

图 1-2

【名师评注】

　　本题主要考查几何概率.注意题中"随机地向半圆 $0<y<\sqrt{2ax-x^2}(a>0)$ 内掷一点"这句话与"点落在半圆内任何区域的概率与区域的面积成正比"是一个意思.

真题 3（93年,3分）一批产品共有 10 个正品和 2 个次品,任意抽取两次,每次抽一个,抽出后不放回,则第二次抽出的是次品的概率为_____.

　　【分析】 分成两种情况进行计算:第一次是正品的情况和第一次是次品的情况,然后将两种情况计算出来的概率相加.

　　【详解】 应填 $\dfrac{1}{6}$.

　　设 $A_i(i=1,2)$ 表示第 i 次抽到次品,则第二次抽出的是次品的概率为

$$P(A_2)=P(\overline{A_1}A_2)+P(A_1A_2)=\dfrac{10}{12}\times\dfrac{2}{11}+\dfrac{2}{12}\times\dfrac{1}{11}=\dfrac{1}{6}$$

【名师评注】

　　本题主要考查古典型概率的计算.事实上,可以直接由古典型概率的"抽签原理"得到答案.由抽签原理(抽签与先后次序无关),第二次抽到次品的概率与第一次抽到次品的概率相同,都是 $\dfrac{1}{6}$.

真题 4（97年,3分）袋中有 50 个乒乓球,其中 20 个是黄球,30 个是白球,今有两人依次随机地从袋中各取一球,取后不放回,则第二个人取得黄球的概率是_____.

　　【分析】 分成两种情况进行计算:第一人取出黄球的情况和第一人取出白球的情况,然后将两种情况计算出来的概率相加.

　　【详解】 应填 $\dfrac{2}{5}$.

　　设 A_i 表示第 $i(i=1,2)$ 人取出黄球,于是

$$P(A_2)=P(A_1A_2)+P(\overline{A_1}A_2)=\dfrac{20}{50}\times\dfrac{19}{49}+\dfrac{30}{50}\times\dfrac{20}{49}=\dfrac{2}{5}$$

　　事实上,这是古典概型中的抽签原理,即 $P(A_i)$ 与 i 无关,即每个人取出黄球的概率是一样的,与取球顺序无关.

【名师评注】

　　本题主要考查古典型概率的计算和抽签原理.利用抽签原理,依次取球,第 i 人取出黄球的概率不变,为黄球所占的比例.

真题 5（07年,4分）在区间(0,1)中随机地取两个数,则这两个数之差的绝对值小于 $\dfrac{1}{2}$ 的

概率为 _____.

【分析】 随机地取两个数为 x,y，则 (x,y) 可以看成区域 $S=\{(x,y)\mid 0<x<1,0<y<1\}$ 内的点的坐标，本题是一个二维几何型概率问题，利用面积值之比进行求解．

【详解】 应填 $\dfrac{3}{4}$．

取得的两个正数设为 $(x,y)\in(0,1)$，由 (x,y) 所构成的点的全体为 S（如图1-3），其几何面积为 $\mu(S)=1$．

记事件 A 为"两数之差的绝对值小于 $\dfrac{1}{2}$"，事件 A 构成的几何区域为图中的阴影部分，其几何面积为

$$\mu(A)=1-2\times\dfrac{1}{2}\times\dfrac{1}{2}\times\dfrac{1}{2}=\dfrac{3}{4}$$

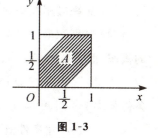

图 1-3

于是

$$P(A)=\dfrac{\mu(A)}{\mu(S)}=\dfrac{3}{4}$$

名师评注

本题主要考查几何概率（也可以用第三章的二维均匀分布进行求解）．审题时，注意理解"随机地取"表示"等可能性"，此类问题求解的关键在于如何将可能结果与某区域中的一个点对应起来，这个区域可以是一维的，也可以是二维的，甚至可以是三维的，然后求出题目要求的区域和可能结果所对应区域的长度、面积或体积之比．

二 概率的基本性质与基本公式（31年10考）

1.知识要点

(1) 概率的基本性质：

1) 有界性：对任意事件 A，有 $0\leqslant P(A)\leqslant 1$；

2) 规范性：$P(\Omega)=1$，$P(\varnothing)=0$；

3) 有限可加性：若 $A_1,A_2,\cdots,A_n$ 两两互不相容，则

$$P(A_1\bigcup A_2\bigcup\cdots\bigcup A_n)=P(A_1)+P(A_2)+\cdots+P(A_n)$$

(2) 概率的基本公式：

1)（加法公式）对任意事件 A,B，有 $P(A\bigcup B)=P(A)+P(B)-P(AB)$；

2)（减法公式）对任意事件 A,B，有 $P(B\overline{A})=P(B-A)=P(B)-P(AB)$；

特别地，若 $A\subset B$，则 $P(B\overline{A})=P(B-A)=P(B)-P(A)$；

3)（条件概率）$P(B\mid A)=\dfrac{P(AB)}{P(A)}$，其中 $P(A)>0$；

4)（乘法公式）$P(AB)=P(A)P(B\mid A)$，其中 $P(A)>0$．

2.解题思路

利用概率的基本性质和基本公式计算概率需要注意:

(1) 此类问题多以选择题和填空题的形式出现.

(2) 需要掌握事件的关系和运算,要会将一个事件表示成与它等价的几种不同的形式,在计算概率时可以根据已知条件的不同而取其合适的一种表达式.

(3) 熟练应用概率的基本公式,尤其是减法公式和条件概率公式的应用.

(4) 区别积事件概率 $P(AB)$ 和条件概率 $P(B|A)$,其中 $P(AB)$ 指事件 A 与 B 同时发生的概率,而 $P(B|A)$ 指已知 A 发生的条件下 B 发生的概率.

真题 6(89 年,2 分) 已知随机事件 A 的概率 $P(A)=0.5$,随机事件 B 的概率 $P(B)=0.6$ 及条件概率 $P(B|A)=0.8$,则和事件 $A \cup B$ 的概率 $P(A \cup B)=$ _____.

【分析】利用条件概率公式和加法公式进行计算.

【详解】应填 0.7.

由 $P(B|A)=\dfrac{P(AB)}{P(A)}=0.8$,得 $P(AB)=0.8P(A)=0.4$,所以

$$P(A \cup B)=P(A)+P(B)-P(AB)=0.5+0.6-0.4=0.7$$

> **名师评注**
>
> 本题考查条件概率 $P(B|A)=\dfrac{P(AB)}{P(A)}$ 和加法公式.对于两个事件 A 与 B 而言,只要求出 $P(A),P(B)$ 和 $P(AB)$,则关于 A 与 B 的任何运算的概率都不难计算,这是一种简洁的思路.

真题 7(89 年,2 分) 甲、乙两人独立地对同一目标射击一次,其命中率分别为 0.6 和 0.5,现已知目标被命中,则它是甲射中的概率为_____.

【分析】由"已知目标被命中,则它是甲射中的概率"可知,本题计算的是条件概率.而"目标被命中"的概率利用加法公式进行计算.

【详解】应填 0.75.

设 A、B 分别表示"甲、乙击中目标",那么目标被击中的概率为

$$P(A \cup B)=P(A)+P(B)-P(AB)=P(A)+P(B)-P(A)P(B)=0.8$$

已知目标被命中,则它是甲射中的概率为

$$P[A|(A \cup B)]=\dfrac{P[A \cap (A \cup B)]}{P(A \cup B)}=\dfrac{P(A)}{P(A \cup B)}=\dfrac{0.6}{0.8}=0.75$$

> **名师评注**
>
> 本题主要考查条件概率公式、加法公式和独立性的应用.要注意审题——问的是条件概率 $P[A|(A \cup B)]$,而不是 $P(A)$.

真题 8（90年,2分）设随机事件 A,B 及其和事件 $A\cup B$ 的概率分别为 $0.4,0.3$ 和 0.6,若 $\overline{B}$ 表示 B 的对立事件,那么积事件 $A\overline{B}$ 的概率 $P(A\overline{B})=$ _____.

【分析】首先利用加法公式计算出 $P(AB)$,再利用减法公式计算 $P(A\overline{B})$.

【详解】应填 0.3.

由 $P(A\cup B)=P(A)+P(B)-P(AB)=0.7-P(AB)=0.6$,得 $P(AB)=0.1$.

所以 $$P(A\overline{B})=P(A)-P(AB)=0.4-0.1=0.3$$

【名师评注】

本题主要考查概率的性质.注意,$A\overline{B}=A-B=A-AB$,切勿将 $P(A-B)$ 写成 $P(A)-P(B)$.而 $P(A\overline{B})=P(A-B)=P(A-AB)$ 是常见的三个减法公式,须熟记.

真题 9（92年,3分）已知 $P(A)=P(B)=P(C)=\dfrac{1}{4}$,$P(AB)=0$,$P(AC)=P(BC)=\dfrac{1}{16}$,则事件 A,B,C 全不发生的概率为 _____.

【分析】先将"A,B,C 全不发生"表示为 $\overline{A}\cup\overline{B}\cup\overline{C}$,再用德摩根律和加法公式计算其概率的值.

【详解】应填 $\dfrac{3}{8}$.

由 $ABC\subset AB$,可得 $0\leqslant P(ABC)\leqslant P(AB)=0$,则 $P(ABC)=0$.

事件 A,B,C 全不发生的概率为
$$P(\overline{A\cup B\cup C})=1-P(A\cup B\cup C)$$
$$=1-[P(A)+P(B)+P(C)-P(AB)-P(AC)-P(BC)+P(ABC)]$$
$$=\dfrac{3}{8}$$

【名师评注】

本题主要考查概率的性质、德摩根律和加法公式的应用.注意理解"A,B,C 全不发生"是用 $\overline{A\cup B\cup C}$（或 $\overline{A}\,\overline{B}\,\overline{C}$）表示,而不是用 $\overline{ABC}$（A,B,C 不都发生）表示.

真题 10（94年,3分）已知 A,B 两个事件满足条件 $P(AB)=P(\overline{A}\,\overline{B})$,$P(A)=p$,则 $P(B)=$ _____.

【分析】利用德摩根律和加法公式将 $P(AB)=P(\overline{A}\,\overline{B})$ 转化成 $P(A)$、$P(B)$ 和 $P(AB)$ 的关系式,即可计算出 $P(B)$.

【详解】应填 $1-p$.

$$P(\overline{A}\,\overline{B})=P(\overline{A\cup B})=1-P(A\cup B)=1-[P(A)+P(B)-P(AB)]$$
$$=1-P(A)-P(B)+P(AB)=1-p-P(B)+P(AB)$$

由 $P(AB)=P(\overline{AB})$，可得 $P(B)=1-p$.

【名师评注】 本题主要考查概率的性质、德摩根律和加法公式的应用.

真题 11 (98年,3分) 设 A,B 是随机事件，且 $0<P(A)<1, P(B)>0, P(B|A)=P(B|\overline{A})$，则必有（　）.

(A) $P(A|B)=P(\overline{A}|B)$ 　　　　　(B) $P(A|B)\neq P(\overline{A}|B)$

(C) $P(AB)=P(A)P(B)$ 　　　　　(D) $P(AB)\neq P(A)P(B)$

【分析】 利用条件概率公式将 $P(B|A)=P(B|\overline{A})$ 进行转化可得正确结果.

【详解】 应选(C).

由 $P(B|A)=P(B|\overline{A})$，可得 $\dfrac{P(AB)}{P(A)}=\dfrac{P(\overline{A}B)}{P(\overline{A})}=\dfrac{P(B)-P(AB)}{1-P(A)}$，即

$$P(AB)-P(A)P(AB)=P(A)P(B)-P(A)P(AB)$$

故

$$P(AB)=P(A)P(B)$$

【名师评注】 本题主要考查条件概率公式和概率的计算. 题目中 $0<P(A)<1, P(B)>0$ 是为了保证 $P(B|A)$ 和 $P(B|\overline{A})$ 有意义.

真题 12 (06年,4分) 设 A,B 为随机事件，且 $P(B)>0$，$P(A|B)=1$，则必有（　）.

(A) $P(A\bigcup B)>P(A)$ 　　　　　(B) $P(A\bigcup B)>P(B)$

(C) $P(A\bigcup B)=P(A)$ 　　　　　(D) $P(A\bigcup B)=P(B)$

【分析】 由条件概率公式将 $P(A|B)=1$ 转化成 $\dfrac{P(AB)}{P(B)}$，再利用加法公式即得结果.

【详解】 应选(C).

由 $P(A|B)=\dfrac{P(AB)}{P(B)}=1$，可得 $P(AB)=P(B)$.

所以　　　　　$P(A\bigcup B)=P(A)+P(B)-P(AB)=P(A)$

【名师评注】 本题考查条件概率公式和加法公式. 其中 $P(B)>0$ 是为了确保条件概率公式成立.

真题 13 (12年,4分) 设 A,B,C 是随机事件，A 与 C 互不相容，$P(AB)=\dfrac{1}{2}, P(C)=\dfrac{1}{3}$，则 $P(AB|\overline{C})=$ _____.

【分析】 利用条件概率公式和减法公式进行计算，且注意 A 与 C 互不相容这个条件的使用.

【详解】应填 $\dfrac{3}{4}$.

A 与 C 互不相容,即 $AC = \varnothing$,而 $ABC \subset AC$,则 $P(ABC) = 0$.

$$P(AB \mid \overline{C}) = \dfrac{P(AB\overline{C})}{P(\overline{C})} = \dfrac{P(AB) - P(ABC)}{1 - P(C)} = \dfrac{\dfrac{1}{2} - 0}{1 - \dfrac{1}{3}} = \dfrac{3}{4}$$

名师评注

本题主要考查条件概率公式和减法公式的应用.其中计算的关键是通过条件计算出 $P(ABC) = 0$.

真题 14 (15 年,4 分)若 A,B 为任意两个随机事件,则( ).

(A) $P(AB) \leqslant P(A)P(B)$ (B) $P(AB) \geqslant P(A)P(B)$

(C) $P(AB) \leqslant \dfrac{P(A) + P(B)}{2}$ (D) $P(AB) \geqslant \dfrac{P(A) + P(B)}{2}$

【分析】由 $AB \subset A$ 与 $AB \subset B$,可得 $P(A),P(B)$ 与 $P(AB)$ 的大小关系,进而确定正确选项.

【详解】应选(C).

因为 $P(AB) \leqslant P(A), P(AB) \leqslant P(B)$,所以 $2P(AB) \leqslant P(A) + P(B)$,

即
$$P(AB) \leqslant \dfrac{P(A) + P(B)}{2}$$

名师评注

本题主要考查概率的基本性质.此外,还可以利用排除法确定正确选项.

真题 15 (17 年,4 分)设 A 与 B 为随机事件,若 $0 < P(A) < 1, 0 < P(B) < 1$,则 $P(A \mid B) > P(A \mid \overline{B})$ 的充要条件是( ).

(A) $P(B \mid A) > P(B \mid \overline{A})$ (B) $P(B \mid A) < P(B \mid \overline{A})$

(C) $P(\overline{B} \mid A) > P(B \mid \overline{A})$ (D) $P(\overline{B} \mid A) < P(B \mid \overline{A})$

【分析】利用条件概率公式将 $P(A \mid B) > P(A \mid \overline{B})$ 展开,再利用减法公式可得正确选项.

【详解】应选(A).

由 $P(A \mid B) > P(A \mid \overline{B})$,得 $\dfrac{P(AB)}{P(B)} > \dfrac{P(A\overline{B})}{P(\overline{B})} = \dfrac{P(A) - P(AB)}{1 - P(B)}$,化简整理可得

$$P(AB)[1 - P(B)] > P(B)[P(A) - P(AB)]$$

等价于 $P(AB) > P(A)P(B)$;

由 $P(B \mid A) > P(B \mid \overline{A})$,得 $\dfrac{P(AB)}{P(A)} > \dfrac{P(\overline{A}B)}{P(\overline{A})} = \dfrac{P(B) - P(AB)}{1 - P(A)}$,化简整理可得

$$P(AB)[1 - P(A)] > P(A)[P(B) - P(AB)]$$

等价于 $P(AB) > P(A)P(B)$,应选(A).

> **名师评注**
>
> 本题主要考查条件概率公式和减法公式的应用.

三 全概率公式与贝叶斯公式(31年3考)

1.知识要点

(1) 全概率公式:若事件 $A_1, A_2, \cdots, A_n$ 构成了样本空间 Ω 的一个完备事件组,且 $P(A_i) > 0, i = 1, 2, \cdots, n.$ 则对 Ω 中的任意一个事件 B,都有

$$P(B) = \sum_{i=1}^{n} P(A_i) P(B|A_i)$$
$$= P(A_1)P(B|A_1) + P(A_2)P(B|A_2) + \cdots + P(A_n)P(B|A_n)$$

(2) 贝叶斯公式:若事件 $A_1, A_2, \cdots, A_n$ 构成了样本空间 Ω 的一个完备事件组,且 $P(A_i) > 0, i = 1, 2, \cdots, n.$ 则对 Ω 中的任意一个事件 $B, P(B) > 0, P(A_i) > 0, i = 1, 2, \cdots, n.$ 都有

$$P(A_k|B) = \frac{P(A_k B)}{P(B)} = \frac{P(A_k)P(B|A_k)}{P(A_1)P(B|A_1) + \cdots + P(A_n)P(B|A_n)}$$

2.解题思路

(1) 全概率公式应用的方法:

1) 确定样本空间 Ω 的一个完备事件组 $A_1, A_2, \cdots, A_n$;

2) 计算 $P(A_1), P(A_2), \cdots, P(A_n)$;

3) 计算 $P(A_i)P(B|A_i), i = 1, 2, \cdots, n$;

4) 计算 $P(B) = \sum_{i=1}^{n} P(A_i) P(B|A_i)$.

(2) 贝叶斯公式应用的方法:

1) 确定样本空间 Ω 的一个完备事件组 $A_1, A_2, \cdots, A_n$;

2) 计算 $P(A_1), P(A_2), \cdots, P(A_n)$;

3) 计算 $P(A_i)P(B|A_i), i = 1, 2, \cdots, n$;

4) 计算 $P(B) = \sum_{i=1}^{n} P(A_i) P(B|A_i)$;

5) 计算 $P(A_k|B) = \frac{P(A_k B)}{P(B)} = \frac{P(A_k)P(B|A_k)}{P(A_1)P(B|A_1) + \cdots + P(A_n)P(B|A_n)}$.

注:① 若试验分两个阶段完成,第一个阶段的具体结果未知,但所有可能结果已知,现求第二个阶段某结果发生的概率用全概率公式,完备事件组由第一阶段的所有可能结果组成(由因溯果:已知 $P(A_i)$,计算 $P(B)$).② 若第二个阶段某个结果已知,现求它是由第一阶段中哪一个结果导致其发生的真正原因,用贝叶斯公式(由果溯因:已知 $P(B|A_i)$,计算 $P(A_i|B)$.

真题 16 (87年,2分) 三个箱子,第一个箱子中有4个黑球1个白球,第二个箱子中有3个黑球3个白球,第三个箱子中有3个黑球5个白球,现随机地取一个箱子,再从这个箱子中取1个球,这个球为白球的概率为 _____,已知取出的是白球,此球属于第三箱的概率是 _____.

【分析】第一问利用全概率公式求解,其中将三个箱子的产品可以看作完备事件组;第二问利用贝叶斯公式进行求解.

【详解】应填 $\dfrac{53}{120}, \dfrac{25}{53}$.

设 $A_i =$ "取出第 i 个箱子",$i = 1,2,3$;$B =$ "取出的球是白球".

$P(A_1) = P(A_2) = P(A_3) = \dfrac{1}{3}, P(B \mid A_1) = \dfrac{1}{5}, P(B \mid A_2) = \dfrac{3}{6}, P(B \mid A_3) = \dfrac{5}{8}$

(1) 由全概率公式可得:

$$P(B) = P(A_1)P(B \mid A_1) + P(A_2)P(B \mid A_2) + P(A_3)P(B \mid A_3)$$

$$= \dfrac{1}{3} \times \dfrac{1}{5} + \dfrac{1}{3} \times \dfrac{3}{6} + \dfrac{1}{3} \times \dfrac{5}{8} = \dfrac{53}{120}$$

(2) 由贝叶斯公式可得:

$$P(A_3 \mid B) = \dfrac{P(A_3 B)}{P(B)} = \dfrac{P(A_3)P(B \mid A_3)}{P(B)} = \dfrac{\dfrac{1}{3} \times \dfrac{5}{8}}{\dfrac{53}{120}} = \dfrac{25}{53}$$

名师评注

本题主要考查全概率公式和贝叶斯公式的应用.审题时一定要看清楚题目问的是否为条件概率(如本题第2问是问条件概率,所以用贝叶斯公式,而第1问不是条件概率,所以用全概率公式),用贝叶斯公式时,不必死记死套公式,用乘法公式、全概率公式即可推导出贝叶斯公式(本题第2问直接用第1问全概率公式的结果进行计算).

真题 17 (96年,3分) 设工厂 A 和工厂 B 的产品的次品率分别为1%和2%,现从 A 和 B 的产品分别占60%和40%的一批产品中随机抽取一件,发现是次品,则该次品属 A 生产的概率是 _____.

【分析】从题目的题意可以看出试验完成分两个阶段,且已知第二阶段的某个结果(取出的一件为次品),求引起这个结果发生的原因,因此用贝叶斯公式求解,即已知结果反求原因.

【详解】应填 $\dfrac{3}{7}$.

设事件 $A = \{$抽取的产品为工厂 A 生产的$\}$,$B = \{$抽取的产品为工厂 B 生产的$\}$,$C = \{$抽取的是次品$\}$,则

$$P(A) = 0.6, P(B) = 0.4, P(C \mid A) = 0.01, P(C \mid B) = 0.02$$

由贝叶斯公式得

$$P(A\mid C)=\frac{P(AC)}{P(C)}=\frac{P(A)P(C\mid A)}{P(A)P(C\mid A)+P(B)P(C\mid B)}=\frac{0.6\times 0.01}{0.6\times 0.01+0.4\times 0.02}=\frac{3}{7}$$

【名师评注】

本题考查贝叶斯公式的应用.求解的关键是找到完备事件组,即工厂 A 的产品和工厂 B 的产品组成了完备事件组.

真题 18 (05 年,4 分) 从数 1,2,3,4 中任取一个数,记为 X,再从 $1,2,\cdots,X$ 中任取一个数,记为 Y,则 $P\{Y=2\}=$ _____.

【分析】 由题意得,此试验的完成需要分两个阶段,已知第一阶段的所有可能结果求第二阶段某个结果发生的概率用全概率公式,其中将第一阶段的所有可能结果 $\{X=1\},\{X=2\},\{X=3\},\{X=4\}$ 看成完备事件组.

【详解】 应填 $\dfrac{13}{48}$.

由于 $\{X=1\},\{X=2\},\{X=3\},\{X=4\}$ 是一个完备事件组,则由全概率公式得

$$P\{Y=2\}=P\{X=1\}P\{Y=2\mid X=1\}+P\{X=2\}P\{Y=2\mid X=2\}+$$
$$P\{X=3\}P\{Y=2\mid X=3\}+P\{X=4\}P\{Y=2\mid X=4\}$$
$$=\frac{1}{4}\times\left(0+\frac{1}{2}+\frac{1}{3}+\frac{1}{4}\right)=\frac{13}{48}$$

【名师评注】

本题考查全概率公式的应用,求解的关键是找到完备事件组,而构成完备事件组的是第一阶段的所有可能结果 $\{X=1\},\{X=2\},\{X=3\},\{X=4\}$.

四 事件的独立性与独立重复试验（31 年 6 考）

1.知识要点

(1) 事件的独立性:若事件 A,B 满足 $P(AB)=P(A)P(B)$,则称事件 A,B 相互独立,简称 A 与 B 独立,否则称 A 与 B 不独立或相依.

注: A 与 B 独立 $\Leftrightarrow A$ 与 $\overline{B}$ 独立 $\Leftrightarrow \overline{A}$ 与 B 独立 $\Leftrightarrow \overline{A}$ 与 $\overline{B}$ 独立.

(2) n 重伯努利概型:只有两个结果 A 和 $\overline{A}$ 的试验称为伯努利试验,若将伯努利试验独立重复地进行 n 次,则称为 n 重伯努利概型.

(3) 二项概率公式:设在每次试验中,事件 A 发生的概率为 $P(A)=p(0<p<1)$,事件 A 不发生的概率为 $q(p+q=1)$,则在 n 重伯努利试验中,事件 A 发生 k 次的概率为

$$B_k(n,p)=C_n^k p^k (1-p)^{n-k},k=0,1,2,\cdots,n$$

此公式称为二项概率公式.

2. 解题思路

关于事件独立性的问题的求解方法:
(1) 根据事件的独立性计算所求问题相关事件的概率;
(2) 通过事件运算规律求解所求事件的概率.

注:①"A 与 B 相互独立"与"A 与 B 不相容"是两个不同的概念,前者与概率有关,后者与概率无关,若 A 与 B 既独立又互不相容,则必有 $P(A)=0$ 或 $P(B)=0$. ② 若 $A_1, A_2, \cdots, A_n$ 相互独立,则 $S_1(A_{i_1}, A_{i_2}, \cdots, A_{i_k})$ 与 $S_2(A_{i_{k+1}}, A_{i_{k+2}}, \cdots, A_{i_n})$ 也相互独立,其中 $S_1(*)$ 与 $S_2(*)$ 分别表示对相应的事件所作的任意事件运算所得的事件,$i_1, i_2, \cdots, i_n$ 为 $1, 2, \cdots, n$ 的任意一个排列.

真题 19(87 年,2 分)设在一次试验中事件 A 发生的概率为 p,现进行 n 次独立试验,则事件 A 至少发生一次的概率为_____;而事件 A 至多发生一次的概率为_____.

【分析】由于是独立重复试验,因此利用伯努利概型的二项概率公式进行计算.

【详解】应填 $1-(1-p)^n, (1-p)^n + np(1-p)^{n-1}$.

由于每次试验中事件 A 发生的概率为 p,并且 n 次试验相互独立,这是 n 重伯努利试验概型. 若记 $B_k =$"n 次试验中事件 A 发生 k 次",则

$$P(B_k) = C_n^k p^k (1-p)^{n-k}, k=0,1,2,\cdots,n$$

事件 A 至少发生一次的概率为 $P = 1 - P(B_0) = 1 - (1-p)^n$.

事件 A 至多发生一次的概率为 $P = P(B_0) + P(B_1) = (1-p)^n + np(1-p)^{n-1}$.

名师评注

本题主要考查伯努利概型的概率计算. n 次独立重复试验中事件 A 发生 k 次的概率为 $C_n^k p^k (1-p)^{n-k}$,遇到"至多"、"至少"这种说法时可以考虑利用对立事件求解是否更容易一点,例如本题的第一问.

真题 20(88 年,2 分)设三次独立试验中,事件 A 出现的概率相等,若已知 A 至少出现一次的概率等于 $\dfrac{19}{27}$,则事件 A 在一次试验中出现的概率为_____.

【分析】通过"三次独立试验"可以看出本题是伯努利概型,利用二项概率公式进行求解.

【详解】应填 $\dfrac{1}{3}$.

设每次试验中事件 A 发生的概率为 p,并且 3 次试验相互独立,这是 3 重伯努利概型,A 至少出现一次的概率为 $1-(1-p)^3 = \dfrac{19}{27}$,解得 $p = \dfrac{1}{3}$.

名师评注

本题主要考查伯努利概型的概率计算. 求解的关键是要熟记二项概率公式,且考虑对立事件的概率计算.

真题 21 （99年,3分）设两两独立的三事件 A,B 和 C 满足条件：$ABC=\varnothing$，$P(A)=P(B)=P(C)<\dfrac{1}{2}$，且已知 $P(A\cup B\cup C)=\dfrac{9}{16}$，则 $P(A)=$ _____.

【分析】 利用三个事件的加法公式和三个事件两两独立的定义进行计算.

【详解】 应填 $\dfrac{1}{4}$.

由已知得
$$P(ABC)=0,P(AB)=P(A)P(B),P(BC)=P(B)P(C),P(AC)=P(A)P(C)$$
于是, $P(A\cup B\cup C)=P(A)+P(B)+P(C)-P(AB)-P(AC)-P(BC)+P(ABC)$
$$=3P(A)-P(A)P(B)-P(A)P(C)-P(B)P(C)$$
$$=3P(A)-3[P(A)]^2=\dfrac{9}{16}$$

解得 $P(A)=\dfrac{1}{4}$ 或 $P(A)=\dfrac{3}{4}$（不合题意舍去）. 故 $P(A)=\dfrac{1}{4}$.

【名师评注】
本题主要考查三个事件的加法公式和三个事件两两独立的定义. 注意区别三个事件两两独立和三个事件相互独立.

真题 22 （00年,3分）设两个相互独立的事件 A 和 B 都不发生的概率为 $\dfrac{1}{9}$，A 发生 B 不发生的概率与 B 发生 A 不发生的概率相等，则 $P(A)=$ _____.

【分析】 先将语言文字描述的事件概率转化为字母表达的概率,然后利用基本的概率公式进行计算.

【详解】 应填 $\dfrac{2}{3}$.

由题意 $P(A\overline{B})=P(\overline{A}B)$,故 $P(A)-P(AB)=P(B)-P(AB)$,即 $P(A)=P(B)$. 又因 A 和 B 相互独立,故 $\overline{A}$ 和 $\overline{B}$ 也相互独立,所以 $P(\overline{A}\overline{B})=P(\overline{A})P(\overline{B})=[P(\overline{A})]^2=\dfrac{1}{9}$. 由此可得, $P(\overline{A})=\dfrac{1}{3}$,即 $P(A)=\dfrac{2}{3}$.

【名师评注】
本题考查概率的计算以及事件的独立性. 注意,已知 A 和 B 独立可以得到 $\overline{A}$ 和 $\overline{B}$ 也相互独立,反之也成立.

真题 23 （07年,4分）某人向同一目标独立重复射击,每次射击命中目标的概率为 $p(0<$

$p<1$),则此人第 4 次射击恰好第 2 次命中目标的概率为（　　）.

(A)$3p(1-p)^2$　　　　　　　　(B)$6p(1-p)^2$
(C)$3p^2(1-p)^2$　　　　　　　(D)$6p^2(1-p)^2$

【分析】 把独立重复射击看成独立重复试验,命中目标看成是试验成功.第 4 次射击恰好第 2 次命中目标可以理解为:第 4 次成功而前 3 次中只有 1 次成功.

【详解】 应选(C).

设事件 A 为"第 4 次射击恰好第 2 次命中目标",则 A 表示共射击 4 次,其中前 3 次只有 1 次击中目标,且第 4 次击中目标.因此

$$P(A)=C_3^1 p(1-p)^2 \cdot p=3p^2(1-p)^2$$

其中 $C_3^1 p(1-p)^2$ 表示前 3 次只有 1 次击中目标的概率.

【名师评注】

本题考查伯努利概型的概率计算.注意,{前 3 次射击恰好命中 1 次}和{第 4 次射击命中}是相互独立的两个事件,而{前 3 次只有 1 次命中目标}是伯努利概型,利用二项概率公式计算.

真题 24 (14 年,4 分) 设随机事件 A 与 B 相互独立,且 $P(B)=0.5, P(A-B)=0.3$,则 $P(B-A)=$（　　）.

(A)0.1　　　　(B)0.2　　　　(C)0.3　　　　(D)0.4

【分析】 利用事件的减法公式和事件的独立性定义进行计算即可.

【详解】 应选(B).

由事件 A 与 B 相互独立,可得 $P(AB)=P(A)P(B)$,则

$$P(A-B)=P(A)-P(AB)=P(A)-P(A)P(B)=0.3,$$

得
$$P(A)=0.6$$

故
$$P(B-A)=P(B)-P(BA)=P(B)-P(B)P(A)=0.2$$

【名师评注】

本题考查减法公式和事件独立性的定义.在计算过程中一定要熟记 $P(A-B)=P(A\bar{B})=P(A)-P(AB)$,这是试题中最常考查的一个概率公式,切勿记成 $P(A-B)=P(A)-P(B)$.

第二章 随机变量及其分布

考情分析

考试概况

随机变量是近代概率论中描述随机现象的重要方法,也是概率论与数理统计研究的基本对象,它是定义在样本空间上具有某种可测性的实值函数.随机变量的引入使随机事件有了数量标识,进而能够用函数来刻画与研究随机事件,同时能够将微积分中关于函数的导数、积分、级数等方面的知识用于一些概率和分布的数字特征的计算中.随机变量在近代概率论与数理统计中占有基础地位.考研大纲中规定了以下考试内容:

(1) 理解随机变量的概念;理解分布函数 $F(x)=P\{X\leqslant x\}(-\infty<x<+\infty)$ 的概念及性质;会计算与随机变量相联系的事件的概率.

(2) 理解离散型随机变量及其概率分布的概念;掌握 0-1 分布、二项分布 $B(n,p)$、几何分布、超几何分布、泊松(Poisson)分布 $P(\lambda)$ 及其应用.

(3) 了解泊松定理的结论和应用条件,会用泊松分布近似表示二项分布.

(4) 理解连续型随机变量及其概率密度的概念;掌握均匀分布 $U(a,b)$、正态分布 $N(\mu, \sigma^2)$、指数分布及其应用,其中参数为 $\lambda(\lambda>0)$ 的指数分布 $E(\lambda)$ 的概率密度为

$$f(x)=\begin{cases}\lambda e^{-\lambda x}, & x>0\\ 0, & x\leqslant 0\end{cases}$$

(5) 会求随机变量函数的分布.

命题分析

本章是考研命题的一个重点章节,是历年真题中的常考内容,会作为基础渗透到后续章节中,尤其是本章中的多维随机变量及其分布.多维随机变量和一维随机变量是相辅相成的,会做多维随机变量的题目一般也会做一维随机变量的题目,考生尤其要掌握一维及多维随机变量函数的分布的计算.

本章的考点:分布函数、分布律、概率密度、常见的随机变量,其中前三个考点常以选择题或填空题的形式来考查;而随机变量函数的分布常以解答题的形式出现.

趋势预测

根据历年考研真题的命题规律,2018 年考研本章还会是命题的重点章节,并且会以选择题

或填空题的形式考查基本概念和基本性质(分布律、分布函数、概率密度、常见随机变量等),或以解答题的形式进行综合性考查.解答题中依然以连续型随机变量函数的分布为主,其主要难点是求连续型随机变量函数的分布函数,最基本的方法是分布函数法.

复习建议

根据历年真题的命题规律和特点,对于本章的复习,考生应从下面几个要点去准备:

(1) **分布函数**.表示随机变量位于一点左侧区间的概率.分布函数的定义在考试中用得比较多,如直接利用分布函数的定义去计算分布函数,连续型随机变量函数求概率密度或者分布函数等.其次,要理解分布函数的性质.在理解了分布函数概率和常用性质的基础上,建议考生再做一些与该知识点有关的配套练习,再次强化一下这一部分的考点.

(2) **分布律**.离散型随机变量的核心就是考察随机变量的分布律,凡是涉及到离散型随机变量,不论维数是几维,考查的核心点都是一样的.分布律的写法关键是掌握两个要点.① 随机变量的所有可能取值有哪些,关于这点更多的会与实际问题相结合,考生需要去理解题目中的文字信息,判断随机变量的可能取值.一般来说,列出随机变量所有取值的难度较低,大部分考生可以写出,切勿粗心大意落掉某些取值.② 随机变量取对应值的概率,这是写出分布律的重难点.如果题目的背景是与实际问题相结合的,那计算概率的时候一般会用到第一章学过的简单的古典概型的知识,当然也有部分题目,写分布律与实际问题并未结合,那这种题型相对而言就会比较简单.另外,关于分布律这一部分的考点,也有个别题目考查其充分必要条件,此类题目的难度较小.

(3) **连续型随机变量**.首先考生需要搞清楚概率密度的概念,很多考生对于概率密度究竟表示什么意思百思不得其解,其实,简单的说概率密度表示的是随机变量落在单位区间段内的概率,考生了解即可.其次,概率密度的充要条件,与分布函数的充要条件考法类似,经常会以选择题的方式考查.另外,一些小的知识点,如连续型随机变量的分布函数是连续的,连续型随机变量分布函数和概率密度之间的关系,连续型随机变量通过概率密度可以计算随机变量落在某区间内的概率等,考生需认真掌握.

考 点 清 单

1.随机变量概率分布的概念与性质	31年5考
2.常见随机变量的概率分布及应用	31年9考
3.随机变量函数的分布	31年4考

真题全解

一、随机变量概率分布的概念与性质(31年5考)

1. 知识要点

(1) 分布函数：设 X 是一个随机变量，对于任意实数 X，令 $F(x)=P\{X\leqslant x\}$，$-\infty<x<+\infty$，称 $F(x)$ 为随机变量 X 的概率分布函数.

注：分布函数是一个以全体实数为其定义域，以事件 $\{-\infty<X(\omega)\leqslant x\}$ 的概率为函数值的一个实值函数，有以下四条性质：

1) 非负性：$0\leqslant F(x)\leqslant 1$；
2) 规范性：$F(-\infty)=0, F(+\infty)=1$；
3) 单调不减性：$\forall x_1<x_2$，有 $F(x_1)\leqslant F(x_2)$；
4) 右连续性：$F(x)=F(x+0)$.

(2) 离散型随机变量的分布律：$P\{X=x_i\}=p_i (i=1,2,\cdots)$.

注：分布律的性质，① $p_i\geqslant 0$；② $\sum_{i=1}^{\infty}p_i=1$.

(3) 连续型随机变量的概率密度 $f(x)$ 的性质：

1) $f(x)\geqslant 0, -\infty<x<+\infty$；
2) $\int_{-\infty}^{+\infty}f(x)\mathrm{d}x=1$；
3) 对于任意的实数 $a,b(a<b)$，都有 $P\{a<x\leqslant b\}=\int_a^b f(x)\mathrm{d}x$；
4) 若 X 的概率密度 $f(x)$ 在点 x 处连续，则 $F(x)$ 在点 x 处可导，且有 $F'(x)=f(x)$；
5) 分布函数为 $F(x)=\int_{-\infty}^{x}f(t)\mathrm{d}t, -x<x<+\infty$.

2. 解题思路

(1) 分布函数的判定：对任何随机变量 X（离散型、连续型、混合型）都可以用分布函数的等价条件（四条性质）验证某函数 $F(x)$ 是否为分布函数 $F(x)=P\{X\leqslant x\}$，$-\infty<x<+\infty$.

(2) 已知连续型随机变量 X 的概率密度求 $f(x)$ 中所含参数及 X 的分布函数和概率的方法：

1) 由 $\int_{-\infty}^{+\infty}f(x)\mathrm{d}x=1$ 得到 $f(x)$ 中所含参数的值；
2) 对 x 进行讨论求 $F(x)=P\{X\leqslant x\}=\int_{-\infty}^{x}f(t)\mathrm{d}t$ 的表达式；
3) $P\{a<X\leqslant b\}=P\{a<X<b\}=P\{a\leqslant X<b\}=P\{a\leqslant X\leqslant b\}$
$$=\int_a^b f(x)\mathrm{d}x=F(b)-F(a)$$

真题1 (90年,2分) 已知随机变量 X 的概率密度函数 $f(x) = \frac{1}{2}e^{-|x|}$,$-\infty < x < +\infty$,则 X 的概率分布函数 $F(x) = $ _____ .

【分析】 利用连续型随机变量分布函数的定义式 $F(x) = \int_{-\infty}^{x} f(t)dt$ 进行求解.

【详解】 应填 $F(x) = \begin{cases} \dfrac{1}{2}e^{x}, & x < 0 \\ 1 - \dfrac{1}{2}e^{-x}, & x \geq 0 \end{cases}$.

当 $x < 0$ 时,
$$F(x) = P\{X \leq x\} = \int_{-\infty}^{x} f(x)dx = \int_{-\infty}^{x} \frac{1}{2}e^{-|x|}dx = \int_{-\infty}^{x} \frac{1}{2}e^{x}dx = \frac{1}{2}e^{x}$$

当 $x \geq 0$ 时,
$$F(x) = P\{X \leq x\} = \int_{-\infty}^{x} f(x)dx = \int_{-\infty}^{x} \frac{1}{2}e^{-|x|}dx$$
$$= \int_{-\infty}^{0} \frac{1}{2}e^{x}dx + \int_{0}^{x} \frac{1}{2}e^{-x}dx = 1 - \frac{1}{2}e^{-x}$$

故 X 的概率分布函数为
$$F(x) = \begin{cases} \dfrac{1}{2}e^{x}, & x < 0 \\ 1 - \dfrac{1}{2}e^{-x}, & x \geq 0 \end{cases}$$

名师评注

本题主要考查由概率密度求分布函数.在积分过程中为了处理绝对值 $|t|$,才对 x 的范围进行讨论,这里不能讨论 t 的取值范围,因为 $F(x)$ 与 t 无关.

真题2 (02年,3分) 设 X_1 和 X_2 是任意两个相互独立的连续型随机变量,它们的概率密度分别为 $f_1(x)$ 和 $f_2(x)$,分布函数分别为 $F_1(x)$ 和 $F_2(x)$,则(   ).

(A) $f_1(x) + f_2(x)$ 必为某一随机变量的概率密度

(B) $f_1(x)f_2(x)$ 必为某一随机变量的概率密度

(C) $F_1(x) + F_2(x)$ 必为某一随机变量的分布函数

(D) $F_1(x)F_2(x)$ 必为某一随机变量的分布函数

【分析】 函数 $f(x)$ 成为概率密度的充要条件为:① $f(x) \geq 0$;② $\int_{-\infty}^{+\infty} f(x)dx = 1$.

函数 $F(x)$ 成为分布函数的充要条件为:① $0 \leq F(x) \leq 1$;② $F(x)$ 单调不减;③ $\lim\limits_{x \to -\infty} F(x) = 0$,$\lim\limits_{x \to +\infty} F(x) = 1$;④ $F(x)$ 右连续.

可以用以上的充要条件去判断各个选项,也可以用随机变量的定义直接推导.

【详解】 应选(D).

方法一:

(A)选项不可能,因为

$$\int_{-\infty}^{+\infty}[f_1(x)+f_2(x)]dx = \int_{-\infty}^{+\infty}f_1(x)dx + \int_{-\infty}^{+\infty}f_2(x)dx = 1+1 = 2 \neq 1.$$

也不能选(B),因为可取反例,令

$$f_1(x)=\begin{cases}1, & -1<x<0 \\ 0, & 其他\end{cases}, f_2(x)=\begin{cases}1, & 0<x<1 \\ 0, & 其他\end{cases}$$

显然 $f_1(x), f_2(x)$ 均是均匀分布的概率密度. 而 $f_1(x)f_2(x)=0$,不满足 $\int_{-\infty}^{+\infty}f_1(x)f_2(x)dx=1$.

(C)当然也不正确,因为 $\lim_{x\to+\infty}[F(x_1)+F(x_2)]=1+1=2 \neq 1$.

根据排除法,答案为(D).

方法二:

令 $X=\max(X_1, X_2)$,显然 X 也是一个随机变量. X 的分布函数为

$$F(x)=P\{X\leqslant x\}=P\{\max(X_1,X_2)\leqslant x\}=P\{X_1\leqslant x, X_2\leqslant x\}$$
$$=P\{X_1\leqslant x\}P\{X_2\leqslant x\}=F_1(x)F_2(x)$$

名师评注

本题主要考查分布函数和概率密度函数的性质.即使题中无"连续型"和"相互独立"的条件,结论(D)也是对的.

真题 3 (10 年,4 分)设随机变量 X 的分布函数 $F(x)=\begin{cases}0, & x<0 \\ \dfrac{1}{2}, & 0\leqslant x<1 \\ 1-e^{-x}, & x\geqslant 1\end{cases}$,则

$P\{X=1\}=(\quad)$.

(A) 0   (B) $\dfrac{1}{2}$ (C) $\dfrac{1}{2}-e^{-1}$ (D) $1-e^{-1}$

【分析】 利用分布函数的定义以及性质求解.

【详解】 应选(C).

$$P\{X=1\}=F(1)-F(1-0)=1-e^{-1}-\dfrac{1}{2}=\dfrac{1}{2}-e^{-1}$$

名师评注

本题主要考查利用分布函数计算概率,这里的 $F(1-0)$ 表示 $F(x)$ 在 $x=1$ 处的左极限. 本题中的随机变量 X 是既非离散型又非连续型的随机变量,考研试题中曾多次考查到,则这类随机变量没有密度函数也没有分布律,只有分布函数才能描述它.

真题 4 (10年,4分) 设 $f_1(x)$ 为标准正态分布的概率密度, $f_2(x)$ 为 $[-1,3]$ 上均匀分布的概率密度, 若 $f(x)=\begin{cases} af_1(x), & x\leq 0 \\ bf_2(x), & x>0 \end{cases}$ $(a>0,b>0)$ 为概率密度, 则 a,b 应满足( ).

(A) $2a+3b=4$ (B) $3a+2b=4$ (C) $a+b=1$ (D) $a+b=2$

【**分析**】根据概率密度函数的性质 $\int_{-\infty}^{+\infty}f(x)\mathrm{d}x=1$, 以及正态分布函数的性质, 可以计算出 a,b 应满足的关系式.

【**详解**】应选(A).

由 $\int_{-\infty}^{\infty}f(x)\mathrm{d}x=1$ 可得,

$$\int_{-\infty}^{+\infty}f(x)\mathrm{d}x=\int_{-\infty}^{0}af_1(x)\mathrm{d}x+\int_{0}^{+\infty}bf_2(x)\mathrm{d}x=\frac{a}{2}+\frac{3}{4}b=1, \text{即 } 2a+3b=4.$$

其中, $f_1(x)$ 是标准正态分布的概率密度, 其对称中心在 $x=0$ 处, 则 $\int_{-\infty}^{0}f_1(x)\mathrm{d}x=\frac{1}{2}$, $f_2(x)$ 为 $[-1,3]$ 上均匀分布的概率密度, 则 $\int_{0}^{+\infty}f_2(x)\mathrm{d}x=\frac{3}{4}$.

【**名师评注**】

本题主要考查概率密度的性质、标准正态分布和均匀分布的性质. 做题的关键是考生对标准正态分布的密度函数和均匀分布的密度函数的性质需要特别熟悉, 这样才能很快得到 $\int_{-\infty}^{0}f_1(x)\mathrm{d}x=\frac{1}{2}$ 和 $\int_{0}^{+\infty}f_2(x)\mathrm{d}x=\frac{3}{4}$.

真题 5 (11年,4分) 设 $F_1(x)$ 与 $F_2(x)$ 为两个分布函数, 其相应的概率密度 $f_1(x)$ 与 $f_2(x)$ 是连续函数, 则必为概率密度的是( ).

(A) $f_1(x)f_2(x)$ (B) $2f_2(x)F_1(x)$

(C) $f_1(x)F_2(x)$ (D) $f_1(x)F_2(x)+f_2(x)F_1(x)$

【**分析**】利用概率密度的性质 $\int_{-\infty}^{+\infty}f(x)\mathrm{d}x=1$ 进行求解.

【**详解**】应选(D).

由概率密度的性质知, 概率密度必须满足 $\int_{-\infty}^{+\infty}f(x)\mathrm{d}x=1$.

由于 $\int_{-\infty}^{+\infty}[f_1(x)F_2(x)+f_2(x)F_1(x)]\mathrm{d}x=F_1(x)F_2(x)\big|_{-\infty}^{+\infty}=1$

故答案选(D).

【**名师评注**】

本题主要考查概率密度的性质、分布函数和密度函数的关系.

二 常见随机变量概率分布及应用(31年9考)

1.知识要点

(1) 常见离散型随机变量的分布：

1) 二项分布：$X \sim B(n,p)$，概率分布为 $P\{X=k\} = C_n^k P^k (1-p)^{n-k}$.

2) 泊松分布：$X \sim P(\lambda)$，概率分布为 $P\{X=k\} = \dfrac{\lambda^k}{k!} e^{-\lambda}, k=0,1,2,\cdots$

3) 几何分布：$X \sim G(p)$，概率分布为 $P\{X=n\} = (1-p)^{n-1} p, n=1,2,\cdots$

(2) 常见连续型随机变量的分布：

1) 均匀分布：$X \sim U(a,b)$，概率密度为 $f(x) = \begin{cases} \dfrac{1}{b-a}, & a < x < b \\ 0, & \text{其它} \end{cases}$.

2) 指数分布：$X \sim E(\lambda)$，概率密度为 $f(x) = \begin{cases} \lambda e^{-\lambda x}, & x \geq 0 \\ 0, & x < 0 \end{cases} (\lambda > 0)$.

3) 正态分布：$X \sim N(\mu, \sigma^2)$，概率密度为 $f(x) = \dfrac{1}{\sqrt{2\pi}\sigma} e^{-\frac{(x-\mu)^2}{2\sigma^2}}, -\infty < x < +\infty$.

2.解题思路

(1) 对于离散型随机变量要确定随机变量的全体可能取值,再计算取各值的概率,计算概率时,可能用到古典概型、几何概型、乘法公式、条件概率、全概公式等各种方法.

(2) 对于几种重要分布,熟练掌握它们的定义、性质,以及产生这些分布的直观背景是解题的关键.

(3) 熟练掌握连续型随机变量的概率密度及其分布函数的定义、性质及有关结论是解题的关键.

真题6(88年,2分) 设随机变量 X 服从均值为10,均方差为0.02的正态分布,已知 $\Phi(x) = \int_{-\infty}^{x} \dfrac{1}{\sqrt{2\pi}} e^{-\frac{u^2}{2}} du, \Phi(2.5) = 0.9938$, 则 X 落在区间 $(9.95, 10.05)$ 内的概率为 _____.

【分析】 将随机变量 X 进行标准化,然后代入数值进行计算.

【详解】 应填 0.9876.

由题意可得, $X \sim N(10, 0.02^2)$, 标准化,得 $\dfrac{X-10}{0.02} \sim N(0,1)$, 于是, X 落在区间 $(9.95, 10.05)$ 内的概率为

$$P\{9.95 \leq X \leq 10.05\} = P\left\{\dfrac{9.95-10}{0.02} \leq \dfrac{X-10}{0.02} \leq \dfrac{10.05-10}{0.02}\right\}$$

$$= \Phi(2.5) - \Phi(-2.5) = 2\Phi(2.5) - 1 = 0.9876$$

名师评注

本题主要考查正态分布的概率计算和一般正态分布的标准化. 其中用到了结论: $\Phi(x) + \Phi(-x) = 1$.

真题 7 (89年,2分) 若随机变量 ξ 在 $(1,6)$ 上服从均匀分布,则方程 $x^2 + \xi x + 1 = 0$ 有实根的概率是_____.

【分析】一元二次方程 $x^2 + \xi x + 1 = 0$ 有实根的充要条件是判别式 $\Delta = \xi^2 - 4 \geqslant 0$,然后利用均匀分布求方程有实根的概率.

【详解】应填 0.8.

方程 $x^2 + \xi x + 1 = 0$ 有实根的充要条件是 $\xi^2 - 4 \geqslant 0$,由此可得 $\xi \leqslant -2$ 或 $\xi \geqslant 2$.

故方程 $x^2 + \xi x + 1 = 0$ 有实根的概率是

$$P\{\xi \leqslant -2 \text{ 或 } \xi \geqslant 2\} = \frac{6-2}{6-1} = 0.8$$

名师评注

本题主要考查均匀分布(一维几何概型)的概率计算. 在解题过程中没有必要写出均匀分布的概率密度和分布函数,直接利用区间长度的比值计算概率.

真题 8 (91年,3分) 若随机变量 X 服从均值为 2,方差为 σ^2 的正态分布,且 $P\{2 < X < 4\} = 0.3$,则 $P\{X < 0\} = $ _____.

【分析】先进行正态分布的标准化,然后代值求解;或者根据密度图像的性质直接得到答案.

【详解】应填 0.2.

由题意可得, $X \sim N(2, \sigma^2)$,标准化,得 $\dfrac{X-2}{\sigma} \sim N(0,1)$,由

$$P\{2 < X < 4\} = P\left\{\frac{2-2}{\sigma} < \frac{X-2}{\sigma} < \frac{4-2}{\sigma}\right\} = \Phi\left(\frac{2}{\sigma}\right) - \Phi(0) = \Phi\left(\frac{2}{\sigma}\right) - 0.5 = 0.3$$

得

$$\Phi\left(\frac{2}{\sigma}\right) = 0.8$$

故

$$P\{X < 0\} = P\left\{\frac{X-2}{\sigma} < \frac{-2}{\sigma}\right\} = \Phi\left(\frac{-2}{\sigma}\right) = 1 - \Phi\left(\frac{2}{\sigma}\right) = 0.2$$

名师评注

本题考查正态分布的概率计算,做题的关键是要进行正态分布的标准化,并要熟记 $\Phi(0) = 0.5$. 作为填空题,可以利用密度函数图像的对称性进行求解,这样会更简洁明了.

真题 9（02 年，3 分）设随机变量 X 服从正态分布 $N(\mu,\sigma^2)(\sigma>0)$，且二次方程 $y^2+4y+X=0$ 无实根的概率为 $\dfrac{1}{2}$，则 $\mu=$ _____.

【分析】一元二次方程无实根，则其判别式 $\Delta<0$，然后利用正态分布的概率进行计算即可.

【详解】应填 4.

二次方程无实根，即 $y^2+4y+X=0$ 的判别式 $\Delta=16-4X<0$，也就有 $X>4$. 此事件发生概率为 $\dfrac{1}{2}$，即 $P\{X>4\}=\dfrac{1}{2}$.

对于 $X\sim N(\mu,\sigma^2)(\sigma>0)$，因为正态分布的密度函数关于 $x=\mu$ 对称，故 $P\{X>\mu\}=\dfrac{1}{2}$. 所以 $\mu=4$.

名师评注

本题考查正态分布的概率计算.应该记住正态分布 $N(\mu,\sigma^2)$ 中参数 μ 和 σ 的概率意义，尤其 $x=\mu$ 是概率密度函数图像的对称轴，且 $P\{X<\mu\}=P\{X>\mu\}=\dfrac{1}{2}$.

真题 10（04 年，4 分）设随机变量 X 服从正态分布 $N(0,1)$，对给定的 $\alpha(0<\alpha<1)$，数 μ_α 满足 $P\{X>\mu_\alpha\}=\alpha$，若 $P\{|X|<x\}=\alpha$，则 x 等于（　　）

(A) $\mu_{\frac{\alpha}{2}}$　　　　(B) $\mu_{1-\frac{\alpha}{2}}$　　　　(C) $\mu_{\frac{1-\alpha}{2}}$　　　　(D) $\mu_{1-\alpha}$

【分析】利用正态分布的概率密度函数图像的对称性，对任何的 $x\geqslant 0$ 有 $P\{X\geqslant x\}=P\{X\leqslant -x\}=\dfrac{1}{2}P\{|X|\geqslant x\}$，或者直接利用图像进行求解.

【详解】应选(C).

方法一：由 $1-\alpha=1-P\{|X|<x\}=P\{|X|\geqslant x\}=P\{X\geqslant x\}+P\{X\leqslant -x\}=2P\{X\geqslant x\}$，得 $P\{X\geqslant x\}=\dfrac{1-\alpha}{2}$，根据分位点的定义有 $x=\mu_{\frac{1-\alpha}{2}}$.

方法二：

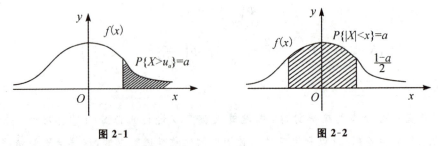

图 2-1　　　　图 2-2

题设条件如图 2-1 所示. 中间阴影部分面积 α 如图 2-2 所示，$P\{|X|<x\}=\alpha$. 两端各余面积 $\dfrac{1-\alpha}{2}$，所以 $P\{|X|<u_{\frac{1-\alpha}{2}}\}=\alpha$，答案为(C).

> **名师评注**
> 本题考查标准正态分布概率密度函数的性质以及概率运算,题中的 μ_α 实际上就是标准正态分布的上 α 分位点.由于很多考生没有理解 μ_α 的定义,从而对解决本题无从下手.

真题 11（06 年,4 分）设随机变量 X 服从正态分布 $N(\mu_1, \sigma_1^2)$,随机变量 Y 服从正态分布 $N(\mu_2, \sigma_2^2)$,且 $P\{|X-\mu_1|<1\} > P\{|Y-\mu_2|<1\}$,则必有（　　）.

(A) $\sigma_1 < \sigma_2$ 　　　　　　　　(B) $\sigma_1 > \sigma_2$
(C) $\mu_1 < \mu_2$ 　　　　　　　　(D) $\mu_1 > \mu_2$

【分析】由于 X 和 Y 的分布不同,不能直接判断 $P\{|X-\mu_1|<1\} > P\{|Y-\mu_2|<1\}$ 的大小与参数的关系,如果将其标准化就可以方便进行比较.

【详解】应选(A).

利用正态分布的标准化得,

$$P\{|X-\mu_1|<1\} = P\left\{\left|\frac{X-\mu_1}{\sigma_1}\right| < \frac{1}{\sigma_1}\right\} = 2\Phi\left(\frac{1}{\sigma_1}\right) - 1$$

$$P\{|X-\mu_2|<1\} = P\left\{\left|\frac{X-\mu_2}{\sigma_2}\right| < \frac{1}{\sigma_2}\right\} = 2\Phi\left(\frac{1}{\sigma_2}\right) - 1$$

$$P\{|X-\mu_1|<1\} > P\{|Y-\mu_2|<1\} \Longleftrightarrow 2\Phi\left(\frac{1}{\sigma_1}\right) - 1 > 2\Phi\left(\frac{1}{\sigma_2}\right) - 1$$

即 $\Phi\left(\frac{1}{\sigma_1}\right) > \Phi\left(\frac{1}{\sigma_2}\right)$,而 $\Phi(x)$ 是单调递增函数,从而 $\frac{1}{\sigma_1} > \frac{1}{\sigma_2}$,即 $\sigma_1 < \sigma_2$.

> **名师评注**
> 本题考查正态分布的概率计算,其中 $\Phi(x)$ 是"严格单调递增函数",比一般的分布函数的性质要好些,一般的分布函数只是单调不减的.

真题 12（13 年,4 分）设 X_1, X_2, X_3 是随机变量,且 $X_1 \sim N(0,1)$, $X_2 \sim N(0, 2^2)$, $X_3 \sim N(5, 3^2)$, $p_i = P\{-2 \leqslant X_i \leqslant 2\}(i=1,2,3)$,则（　　）.

(A) $p_1 > p_2 > p_3$ 　　　　　　(B) $p_2 > p_1 > p_3$
(C) $p_3 > p_1 > p_2$ 　　　　　　(D) $p_1 > p_3 > p_2$

【分析】先将三个概率 $p_i = P\{-2 \leqslant X_i \leqslant 2\}$ 标准化成标准正态分布的概率,然后利用标准正态分布的概率密度的图像进行大小判定.

【详解】应选(A).

$$p_1 = P\{-2 \leqslant X_1 \leqslant 2\} = \Phi(2) - \Phi(-2) = 2\Phi(2) - 1$$

$$p_2 = P\{-2 \leqslant X_2 \leqslant 2\} = \Phi\left(\frac{2-0}{2}\right) - \Phi\left(\frac{-2-0}{2}\right)$$

$$= \Phi(1) - \Phi(-1) = 2\Phi(1) - 1$$

$$p_3 = P\{-2 \leqslant X_3 \leqslant 2\} = \Phi\left(\frac{2-5}{3}\right) - \Phi\left(\frac{-2-5}{3}\right)$$
$$= \Phi(-1) - \Phi\left(-\frac{7}{3}\right) = \Phi\left(\frac{7}{3}\right) - \Phi(1)$$

由图 2-3 中正态分布曲线所围成面积代表的概率可知,$p_1 > p_2 > p_3$,故选(A).

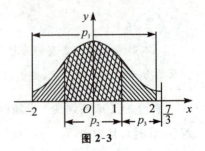

图 2-3

名师评注

本题考查正态分布的标准化以及标准正态分布的密度函数图形性质.若对正态分布的密度函数图像很熟悉,则该题不需要进行标准化的计算也可判定,由于 $p_i = P\{-2 \leqslant X_i \leqslant 2\}$ 对 X_1, X_2, X_3 的积分区间一样长,但它们的分散程度不一样,即 $\sigma_1 < \sigma_2 < \sigma_3$,即可判定 $p_1 > p_2 > p_3$,至于 $X_3 \sim N(5, 3^2)$ 则表示该曲线的峰值在 $x = 5$ 处,因此它在区间 $[-2, 2]$ 处的概率会更小.

真题 13 (13年,4分) 设随机变量 Y 服从参数为1的指数分布,a 为常数且大于零,则 $P\{Y \leqslant a+1 \mid Y > a\} = $ _____.

【分析】首先写出指数分布的分布函数,利用条件概率公式进行计算;或者利用指数分布的无记忆性计算.

【详解】应填 $1 - e^{-1}$.

由题意,Y 的分布函数为 $F(y) = \begin{cases} 1 - e^{-y}, & y \geqslant 0 \\ 0, & y < 0 \end{cases}$.

方法一:由条件概率公式,得
$$P\{Y \leqslant a+1 \mid Y > a\} = \frac{P\{a < Y \leqslant a+1\}}{P\{Y > a\}} = \frac{F(a+1) - F(a)}{1 - F(a)}$$
$$= \frac{e^{-a} - e^{-(a+1)}}{e^{-a}} = 1 - e^{-1}.$$

方法二:由指数分布的无记忆性,得
$$P\{Y \leqslant a+1 \mid Y > a\} = 1 - P\{Y > a+1 \mid Y > a\} = 1 - P\{Y > 1\}$$
$$= P\{Y \leqslant 1\} = F(1) = 1 - e^{-1}.$$

名师评注

本题考查指数分布和条件概率的计算.对指数分布,要求考生不仅记住密度函数,还要求记住分布函数,这样对于计算概率十分有用(不需要去积分计算).本题的方法二应用了指数分布的无记忆性,相比方法一更简洁.

真题 14 (16年,4分) 设随机变量 $X \sim N(\mu, \sigma^2)(\sigma > 0)$,记 $p = P\{X \leqslant \mu + \sigma^2\}$,则( ).

(A)p 随着 μ 的增加而增加 (B)p 随着 σ 的增加而增加

(C)p 随着 μ 的增加而减少 (D)p 随着 σ 的增加而减少

【分析】将正态分布 $X \sim N(\mu,\sigma^2)$ 标准化后再进行判定.

【详解】应选(B).

$$p = P\{X \leqslant \mu+\sigma^2\} = P\left\{\frac{X-\mu}{\sigma} \leqslant \sigma\right\} = \Phi(\sigma),$$ 其中 Φ 为标准正态分布的分布函数,由它的单调递增可得,概率 p 随着 σ 的增加而增加.

名师详注

本题考查正态分布的标准化以概率计算.这类考点在考研试题中出现的频率很高,需要考生掌握正态分布的标准化公式、正态分布密度函数的对称性、参数 μ 和 σ^2 对正态分布概率的影响以及正态分布函数的单调性等诸多知识点.

三 随机变量函数的分布(31年3考)

1. 知识要点

(1) 离散型随机变量函数的分布

设离散型随机变量 X 的分布律为 $P\{X=x_k\}=p_k,k=1,2,\cdots$ 则 X 的函数 $Y=g(X)$ 取值 $g(x_k)$ 的概率为 $P\{Y=g(x_k)\}=p_k,k=1,2,\cdots$ 若 $g(x_k)$ 中出现相同的函数值,则将它们相应的概率之和作为 $Y=g(X)$ 取该值的概率,就可以得到 $Y=g(X)$ 的分布律.

(2) 连续型随机变量函数的概率密度

已知连续型随机变量 X 的密度函数为 $f_X(x)$,随机变量 $Y=g(X)$,求 Y 的分布函数 $F_Y(y)$ 及密度函数 $f_Y(y)$.

2. 解题思路

连续型随机变量 X 的函数 $Y=g(X)$ 若仍为连续型随机变量,则既可用分布函数法求 Y 的密度函数,也可以直接用公式,若 $Y=g(X)$ 为混合型随机变量,则只能用定义求分布函数,此时无密度函数.

利用分布函数法求连续型随机变量函数的概率密度的方法:

(1) 先求分布函数(定义法)

$$F_Y(y) = P\{Y \leqslant y\} = P\{g(X) \leqslant y\}$$
$$= \begin{cases} P\{X \leqslant g^{-1}(y)\}, & y=g(x) \text{ 单调增加} \\ P\{X > g^{-1}(y)\}, & y=g(x) \text{ 单调减少} \end{cases}$$
$$= \begin{cases} F_X[g^{-1}(y)], & y=g(x) \text{ 单调增加} \\ 1-F_X[g^{-1}(y)], & y=g(x) \text{ 单调减少} \end{cases}$$

(2) 再求密度函数 $f_Y(y) = F_Y'(y)$.

真题15 (88年,6分) 设随机变量 X 的概率密度函数为 $f_X(x) = \dfrac{1}{\pi(1+x^2)}$,求随机变量

$Y=1-\sqrt[3]{X}$ 的概率密度函数 $f_Y(y)$.

【分析】 先利用分布函数的定义并结合 X 的概率密度求出随机变量 $Y=1-\sqrt[3]{X}$ 的分布函数,再对分布函数求导数,得到 Y 的概率密度函数.

【详解】 设 Y 的分布函数为 $F_Y(y)$,则

$$F_Y(y)=P\{Y\leqslant y\}=P\{1-\sqrt[3]{X}\leqslant y\}=P\{X\geqslant(1-y)^3\}$$
$$=\int_{(1-y)^3}^{+\infty}\frac{1}{\pi(1+x^2)}\mathrm{d}x=\frac{1}{\pi}\left[\frac{\pi}{2}-\arctan(1-y)^3\right]$$

故 Y 的概率密度函数为

$$f_Y(y)=F_Y'(y)=\frac{3}{\pi}\cdot\frac{(1-y)^2}{1+(1-y)^6}$$

【名师评注】

本题考查一维连续型随机变量函数的概率分布,解法中采用分布函数进行求解,即先求出分布函数,再求概率密度函数.

真题 16（93 年,3 分）设随机变量 X 服从 $(0,2)$ 上的均匀分布,则随机变量 $Y=X^2$ 在 $(0,4)$ 内的概率分布密度 $f_Y(y)=$ _____.

【分析】 先得到随机变量 X 的概率密度,利用分布函数的定义并结合 X 的概率密度求出随机变量 $Y=X^2$ 的分布函数,再给分布函数求导数,得到 Y 的概率密度函数.

【详解】 应填 $\dfrac{1}{4\sqrt{y}}$.

因为随机变量 X 服从 $(0,2)$ 上的均匀分布,所以 X 的概率密度为

$$f_X(x)=\begin{cases}\dfrac{1}{2},&0<x<2\\0,&\text{其它}\end{cases}$$

设 $Y=X^2$ 的分布函数为 $F_Y(y)$,当 $0<y<4$ 时,

$$F_Y(y)=P\{Y\leqslant y\}=P\{X^2\leqslant y\}=P\{-\sqrt{y}\leqslant X\leqslant\sqrt{y}\}=\int_0^{\sqrt{y}}\frac{1}{2}\mathrm{d}x=\frac{\sqrt{y}}{2}$$

故

$$f_Y(y)=F_Y'(y)=\frac{1}{4\sqrt{y}}$$

【名师评注】

本题主要考查一维连续型随机变量函数的分布.在解题过程中勿出现：

"$P\{-\sqrt{y}\leqslant X\leqslant\sqrt{y}\}=\int_{-\sqrt{y}}^{\sqrt{y}}\dfrac{1}{2}\mathrm{d}x$",原因是 $f_X(x)$ 并非总是 $\dfrac{1}{2}$.本题只让计算 $(0,4)$ 内 Y 的概率密度函数,所以没有必要写出 $y\leqslant 0$ 或 $y\geqslant 4$ 时的表达式.

真题17 (95年,5分) 设随机变量 X 的概率密度为 $f_X(x) = \begin{cases} e^{-x}, & x \geq 0 \\ 0, & x < 0 \end{cases}$,求随机变量 $Y = e^X$ 的概率密度 $f_Y(y)$.

【分析】利用分布函数法先求 $Y = e^X$ 的分布函数,再求其概率密度.

【详解】设 Y 的分布函数为 $F_Y(y)$,则 $F_Y(y) = P\{Y \leq y\} = P\{e^X \leq y\} = P\{X \leq \ln y\}$.

当 $y < 1$ 时,$F_Y(y) = 0$.

当 $y \geq 1$ 时,$F_Y(y) = P\{Y \leq y\} = P\{e^X \leq y\} = P\{X \leq \ln y\} = \int_0^{\ln y} e^{-x} dx = 1 - \frac{1}{y}$.

分布函数为 $F_Y(y) = \begin{cases} 0, & y < 1 \\ 1 - \dfrac{1}{y}, & y \geq 1 \end{cases}$

故随机变量 $Y = e^X$ 的概率密度为 $f_Y(y) = F_Y'(y) = \begin{cases} \dfrac{1}{y^2}, & y \geq 1 \\ 0, & y < 1 \end{cases}$.

名师详注

本题主要考查一维连续型随机变量函数的分布,是考研数学中考查的重点,出题的频率非常高,考生一定要掌握利用分布函数法求随机变量函数的概率分布.

真题18 (13年,11分) 设随机变量 X 的概率密度为 $f(x) = \begin{cases} \dfrac{1}{9}x^2, & 0 < x < 3 \\ 0, & 其他 \end{cases}$,令随机变量 $Y = \begin{cases} 2, & X \leq 1 \\ X, & 1 < X < 2 \\ 1, & X \geq 2 \end{cases}$.求:

(1) Y 的分布函数;

(2) 概率 $P\{X \leq Y\}$.

【分析】利用分布函数法求随机变量 Y 的分布函数. 而 $Y = \begin{cases} 2, & X \leq 1 \\ X, & 1 < X < 2 \\ 1, & X \geq 2 \end{cases}$,是随机变量 X 的函数,只是这个函数是分段表示的,且不连续,这样得到的 Y 可能是非连续型,也非离散型.

【详解】(1) 设 Y 的分布函数为 $F_Y(y) = P\{Y \leq y\}$.

当 $y < 1$ 时,$F_Y(y) = 0$.

当 $y \geq 2$ 时,$F_Y(y) = 1$.

当 $1 \leq y < 2$ 时,$F_Y(y) = P\{Y \leq y\} = P\{Y = 1\} + P\{1 < Y \leq y\}$
$= P\{Y = 1\} + P\{1 < X \leq y\} = P\{X \geq 2\} + P\{1 < X \leq y\}$

$$= \int_2^3 \frac{1}{9} x^2 \, dx + \int_1^y \frac{1}{9} x^2 \, dx$$

$$= \frac{1}{27}(y^3 + 18)$$

于是
$$F_Y(y) = \begin{cases} 0, & y < 1 \\ \dfrac{18 + y^3}{27}, & 1 \leqslant y < 2 \\ 1, & y \geqslant 2 \end{cases}$$

(2) $P\{X \leqslant Y\} = P\{X \leqslant Y, X \leqslant 1\} + P\{X \leqslant Y, 1 < X < 2\} + P\{X \leqslant Y, X > 2\} = \dfrac{8}{27}$

名师评注

本题主要考查随机变量函数的概率分布,题中的随机变量 X 是连续型的,随机变量 Y 是随机变量 X 构造出来的随机变量函数,但是 Y 既不是连续型的也不是离散型的,所以 Y 只有分布函数而没有密度函数.此外,由于 Y 不是连续型随机变量,因此在求 Y 的分布函数时需要保证其右连续性,所以"等号"应习惯性的放在"大于"上,即 $1 \leqslant y < 2$ 与 $y \geqslant 2$.

第三章　多维随机变量及其分布

考情分析

考试概况

多维随机变量的联合分布函数能够完整地描述它们各自的取值规律;联合分布律 $P\{X=x_i,Y=y_j\}=p_{ij}(i,j=1,2,\cdots)$ 与联合概率密度 $f(x,y)$ 是分别用于描述离散型和连续型两种不同类型随机变量的常用表达形式.已知联合分布可以直接求出边缘分布(边缘分布律或者边缘概率密度)与条件分布(条件分布律或者条件概率密度).本章中二维均匀分布与二维正态分布是二维随机变量中两个最常见的分布,它们有很多一般二维随机变量所不具有的特殊性质,考生需理解其中参数的概率意义.考研大纲中规定了以下考试内容:

(1) 理解多维随机变量的概念,理解多维随机变量的分布的概念和性质;理解二维离散型随机变量的概率分布、边缘分布和条件分布;理解二维连续型随机变量的概率密度、边缘密度和条件密度,会求与二维随机变量相关事件的概率.

(2) 理解随机变量的独立性及不相关性的概念,掌握随机变量相互独立的条件.

(3) 掌握二维均匀分布,了解二维正态分布的概率密度,理解其参数的概率意义.

(4) 会求两个随机变量简单函数的分布,会求多个相互独立随机变量简单函数的分布.

命题分析

本章是概率论与数理统计的重点之一,也是历年真题命题的重点方向,属于每年必考章节,且往往以解答题的形式出现.尤其要注意以下两点:

(1) 二维随机变量函数 $Z=g(X,Y)$ 的分布函数 $F_Z(z)$ 以及概率密度 $f_Z(z)$ 的求法;

(2) 二维随机变量 (X,Y) 的两个分量之间的关系,包括 X 与 Y 的相互独立的条件及不独立时的条件概率分布和条件概率密度等.

以上两点都是近几年常考的内容,考生一定要重点复习.考研试题一般只涉及二维随机变量,很少讨论三维随机变量的情况.

趋势预测

根据历年考研真题的命题规律,2018 年考研本章还是考查的重点章节,考查方式以解答题为主,考查重点是求二维随机变量的函数 $Z=g(X,Y)$ 的概率分布.

在涉及二维离散型随机变量的题中,古典概型一般需要考生自己建立分布,然后再计算边缘分布、条件分布.在涉及二维连续型随机变量的考题中,需要考生熟练应用二重积分和累次积分来计算边缘概率密度、条件概率密度以及随机变量函数的分布.

复习建议

通过研究历年考研真题的特点,建议考生从下面两个方面进行复习:

(1) **二维离散型随机变量** 同一维离散型随机变量类似,二维离散型随机变量也要求考生通过题目的信息,解决两个问题:一、两随机变量分别可以取哪些值;二、随机变量取对应值的概率是怎么计算的.一般地,只要考生会写一维离散型随机变量的分布律,就不难写出二维离散型随机变量的联合分布律,至于边缘分布律和条件分布律,可以在联合分布律的基础上写出.部分考生觉得条件分布律理解起来较抽象,其实道理是一样的,只需考虑在一个随机变量取定某一值的条件下,另一个随机变量可以取哪些值.另外,在计算一个随机变量 $X=a$ 时,另一个随机变量 $X=b$ 的概率,无需记忆新的公式,直接代入第一章学习的随机事件的条件概率公式即可.

(2) **二维连续型随机变量** 联合概率密度需重点掌握:① 概率密度在整个平面上的积分值是 1,它的作用主要是确定概率密度中的未知参数;② 求二维连续型随机变量落在一个平面区域内的概率,可联合概率密度在该区域上进行二重积分,虽然公式与一维类似,但从计算的难度上讲,二维的会更复杂一点,要求考生会计算二重积分.因此,考生应该充分地认识到概率与高数存在紧密的联系,概率的部分计算需要有一定的高数基础.

边缘概率密度和条件概率密度的公式推导可以不要求考生掌握,但是要求考生会用相应的公式,也就是会带公式计算边缘概率和条件概率密度.如求关于 x 的边缘概率密度,积分变量是 y,考生需要注意的是,如果联合概率密度是一个分段函数,那么边缘概率密度也一定是一个分段函数.另外,在计算的时候,考生要求会通过图形,确定积分的上下限以及函数的定义域.条件概率密度的计算,需要注意的是题中有没有前提条件,若有前提条件,确定概率密度的计算公式.

考点清单

1. 多维随机变量的概率计算与独立性	31 年 6 考
2. 联合分布、边缘分布与条件分布	31 年 7 考
3. 随机变量函数的分布	31 年 11 考

真题全解

一、多维随机变量的概率计算与独立性(31 年 6 考)

1. 知识要点

(1) 离散型随机变量的联合分布律:

$$P\{X=x_i, Y=y_j\} = p_{ij}(i,j=1,2,\cdots), 其中 p_{ij} \geqslant 0, \sum_{i=1}^{+\infty}\sum_{j=1}^{+\infty} p_{ij} = 1.$$

(2) 连续型随机变量的联合概率密度 $f(x,y)$：

$F(x,y) = \int_{-\infty}^{x} \int_{-\infty}^{y} f(u,v) \mathrm{d}u \mathrm{d}v$，其中 $F(x,y)$ 为 (X,Y) 的联合分布函数.

(3) 随机变量的独立性：设随机变量 (X,Y) 的联合分布为 $F(x,y)$，如果对任意的 x,y 都有 $F(x,y) = F_X(x)F_Y(y)$，则称 X,Y 是独立的.

2.解题思路

(1) 二维随机变量的概率计算思路：

对于由已知事件或随机变量给出的二维随机变量的分布，关键是将新的随机变量的取值转化为已知事件或随机变量的取值.

离散型随机变量的概率计算主要依靠联合分布律，而连续型随机变量的概率计算主要依靠联合概率密度.

(2) 随机变量独立性的判定用以下充要条件：

1) X 与 Y 独立 $\Leftrightarrow p_{ij} = p_{i.} \cdot p_{.j}$，用于判断离散型随机变量的独立性.

2) X 与 Y 相互独立 $\Leftrightarrow f(x,y) = f_X(x)f_Y(y)$，用于判断连续型随机变量的独立性.

真题1（95 年，3 分）设 X 和 Y 为两个随机变量，且 $P\{X \geqslant 0, Y \geqslant 0\} = \dfrac{3}{7}$，$P\{X \geqslant 0\} = P\{Y \geqslant 0\} = \dfrac{4}{7}$，则 $P\{\max(X,Y) \geqslant 0\} = $ _____.

【分析】将 $\max(X,Y) \geqslant 0$ 转化为 $X \geqslant 0$ 或 $Y \geqslant 0$，再利用加法公式进行计算即可.

【详解】应填 $\dfrac{5}{7}$.

$P\{\max(X,Y) \geqslant 0\} = P\{(X \geqslant 0) \bigcup (Y \geqslant 0)\} = P\{X \geqslant 0\} + P\{Y \geqslant 0\} - P\{X \geqslant 0, Y \geqslant 0\}$

$= \dfrac{4}{7} + \dfrac{4}{7} - \dfrac{3}{7} = \dfrac{5}{7}$

> **名师详注**
>
> 本题考查概率的性质以及加法公式，解题的关键是要将 $\max(X,Y) \geqslant 0$ 等价成 $X \geqslant 0$ 或 $Y \geqslant 0$ 来处理.

真题2（99 年，3 分）设两个相互独立的随机变量 X 和 Y 分别服从正态分布 $N(0,1)$ 和 $N(1,1)$，则（ ）.

(A) $P\{X+Y \leqslant 0\} = \dfrac{1}{2}$ (B) $P\{X+Y \leqslant 1\} = \dfrac{1}{2}$

(C) $P\{X-Y \leqslant 0\} = \dfrac{1}{2}$ (D) $P\{X-Y \leqslant 1\} = \dfrac{1}{2}$

【分析】首先应看到 $X+Y$ 和 $X-Y$ 均为一维正态分布，而不能看成两个二维正态分布，其次,若 $Z \sim N(\mu, \sigma^2)$,则 $P\{Z \leqslant \mu\} = \dfrac{1}{2}$;反之,若 $P\{Z \leqslant \alpha\} = \dfrac{1}{2}$,则 $\alpha = \mu$,正态分布密度函数图像的对称性在解题中常常用到.

【详解】 应选(B).

因 X 和 Y 相互独立,且 $X \sim N(0,1), Y \sim N(1,1)$,所以
$$X + Y \sim N(1, 2), X - Y \sim N(-1, 2).$$
根据对称性可得 $P\{X + Y \leqslant 1\} = \dfrac{1}{2}, P\{X - Y \leqslant -1\} = \dfrac{1}{2}$.

名师评注

本题考查正态分布的性质,解题的关键是 $X + Y$ 和 $X - Y$ 均为一维正态分布,且知道正态分布密度图像的对称性.有些考生将 $X + Y$ 和 $X - Y$ 的正态分布进行标准化求解显得有些复杂.

真题 3(03 年,4 分)设二维随机变量 (X,Y) 的概率密度为
$$f(x, y) = \begin{cases} 6x, & 0 \leqslant x \leqslant y \leqslant 1 \\ 0, & \text{其他} \end{cases}$$
则 $P\{X + Y \leqslant 1\} = $ _____.

【分析】 根据公式 $P\{(X,Y) \in D\} = \iint\limits_{D} f(x,y)\mathrm{d}x\mathrm{d}y$,不难求出 $P\{X + Y \leqslant 1\}$ 的值.

【详解】 应填 $\dfrac{1}{4}$.

$$P\{X + Y \leqslant 1\} = \iint\limits_{x+y \leqslant 1} f(x,y)\mathrm{d}x\mathrm{d}y = \int_0^{\frac{1}{2}} \mathrm{d}x \int_x^{1-x} 6\mathrm{d}x\mathrm{d}y = \dfrac{1}{4}.$$

名师评注

这是二维连续型随机变量已知概率密度计算概率的基本题型.

真题 4(06 年,4 分)设随机变量 X 与 Y 相互独立,且均服从区间 $[0,3]$ 上的均匀分布,则 $P\{\max\{X, Y\} \leqslant 1\} = $ _____.

【分析】 事件 $\max\{X, Y\} \leqslant 1$ 可以转化为 $X \leqslant 1$ 且 $Y \leqslant 1$,而 X 与 Y 相互独立,均服从均匀分布,可以直接得到 $P\{X \leqslant 1\} = \dfrac{1}{3}$.

【详解】 应填 $\dfrac{1}{9}$.

因为随机变量 X 与 Y 相互独立,所以
$$P\{\max(X, Y) \leqslant 1\} = P\{X \leqslant 1, Y \leqslant 1\} = P\{X \leqslant 1\} \cdot P\{Y \leqslant 1\} = \dfrac{1}{3} \times \dfrac{1}{3} = \dfrac{1}{9}.$$

名师评注

本题主要考查两个相互独立且服从均匀分布的随机变量的概率计算,解题的关键是需要将 $\max\{X,Y\} \leqslant 1$ 转化为 $X \leqslant 1$ 且 $Y \leqslant 1$.
$\{\max\{X,Y\} \leqslant Z\} = \{X \leqslant Z, Y \leqslant Z\}, \{\max\{X,Y\} \geqslant Z\} = \{\{X \geqslant Z\} \cup \{Y \geqslant Z\}\}$
$\{\min\{X,Y\} \leqslant Z\} = \{\{X \leqslant Z\} \cup \{Y \leqslant Z\}\}, \{\min\{X,Y\} \geqslant Z\} = \{X \geqslant Z, Y \geqslant Z\}$
考生需要将以上这四个关系理解清楚,在做题中灵活应用.

真题 5 (08 年,4 分) 设随机变量 X,Y 独立同分布,且 X 的分布函数为 $F(x)$,则 $Z = \max\{X,Y\}$ 分布函数为(   ).

(A) $F^2(x)$ (B) $F(x)F(y)$
(C) $1 - [1 - F(x)]^2$ (D) $[1 - F(x)][1 - F(y)]$

【分析】随机变量 $Z = \max\{X,Y\}$ 的分布函数 $F_Z(x) = P\{Z \leqslant x\} = P\{\max\{X,Y\} \leqslant x\}$,再将 $\max\{X,Y\} \leqslant x$ 转化为 $\{X \leqslant x, Y \leqslant x\}$,根据独立性进行求解即可.

【详解】应选(A).

设 $Z = \max\{X,Y\}$ 的分布函数为 $F_Z(x)$,则根据分布函数的定义以及独立性可得
$$F_Z(x) = P\{Z \leqslant x\} = P\{\max\{X,Y\} \leqslant x\}$$
$$= P\{X \leqslant x\}P\{Y \leqslant x\} = F(x)F(x) = F^2(x)$$

名师评注

本题主要考查分布函数的定义.注意 X,Y 同分布,所以 Y 的分布函数也是 $F(x)$(函数的自变量用 x 或 y 或别的量是不影响函数的),这里不用 z 的原因是因为各个选项中并没有以 z 为自变量的函数.另外 $Z = \max\{X,Y\}$ 是一维随机变量,其分布函数当然是一元函数而非二元函数,所以不能选择(B).

真题 6 (12 年,4 分) 设随机变量 X 与 Y 相互独立,且分别服从参数为 1 与参数为 4 的指数分布,则 $P\{X < Y\} = ($ $).

(A) $\dfrac{1}{5}$ (B) $\dfrac{1}{3}$ (C) $\dfrac{2}{3}$ (D) $\dfrac{4}{5}$

【分析】根据 X 与 Y 均服从指数分布以及它们的独立性可以得到 (X,Y) 的联合概率密度,然后再利用公式 $P\{(X,Y) \in D\} = \iint\limits_{D} f(x,y)\mathrm{d}x\mathrm{d}y$ 求出概率 $P\{X < Y\}$.

【详解】应选(A).

由题意知,X 的概率密度为 $f_X(x) = \begin{cases} \mathrm{e}^{-x}, & x > 0 \\ 0, & x \leqslant 0 \end{cases}$

Y 的概率密度为 $f_Y(y) = \begin{cases} 4\mathrm{e}^{-4y}, & y > 0 \\ 0, & y \leqslant 0 \end{cases}$

由于 X 与 Y 相互独立,因此 (X,Y) 的联合概率密度为

$$f(x,y)=f_X(x)f_Y(y)=\begin{cases}4\mathrm{e}^{-x-4y}, & x>0, y>0 \\ 0, & \text{其它}\end{cases}$$

于是 $P\{X<Y\}=\iint\limits_{x<y}f(x,y)\mathrm{d}x\mathrm{d}y=\int_0^{+\infty}\mathrm{d}y\int_0^y 4\mathrm{e}^{-x-4y}\mathrm{d}x=\dfrac{1}{5}$

名师评注

本题综合考查指数分布、随机变量的独立性以及二维随机变量概率的计算,已知 (X,Y) 的联合概率密度时求概率是基本题型.本题有 X 与 Y 的独立性,所以由 X 与 Y 的边缘概率密度能得到 (X,Y) 的联合概率密度.

二 联合分布、边缘分布与条件分布(31 年 7 考)

1.知识要点

(1)边缘分布函数: $F_X(x)=\lim\limits_{y\to+\infty}F(x,y), F_Y(y)=\lim\limits_{x\to+\infty}F(x,y)$.

(2)离散型随机变量的边缘分布律:

$$P\{X=x_i\}=p\{X=x_i,Y<+\infty\}=\sum_{j=1}^{\infty}p_{ij}=p_{i\cdot}$$

$$P\{Y=y_j\}=p\{X<+\infty,Y\leqslant y_j\}=\sum_{i=1}^{\infty}p_{ij}=p_{\cdot j}$$

(3)离散型随机变量的条件分布律:

$$P\{X=x_i\mid Y=y_j\}=\frac{P\{X=x_i,Y=y_j\}}{P\{Y=y_j\}}=\frac{p_{ij}}{p_{\cdot j}}, i=1,2,\cdots$$

$$P\{Y=y_j\mid X=x_i\}=\frac{P\{X=x_i,Y=y_j\}}{P\{X=x_i\}}=\frac{p_{ij}}{p_{i\cdot}}, j=1,2,\cdots$$

(4)连续型随机变量的边缘概率密度:

$$f_X(x)=\int_{-\infty}^{+\infty}f(x,y)\mathrm{d}y, f_Y(y)=\int_{-\infty}^{+\infty}f(x,y)\mathrm{d}x$$

(5)连续型随机变量的条件概率密度:

$$f_{X|Y}(x\mid y)=\frac{f(x,y)}{f_Y(y)}, f_{Y|X}(y\mid x)=\frac{f(x,y)}{f_X(x)}$$

2.解题思路

(1)离散型随机变量概率分布的计算思路:

这类问题主要由两部分组成:求 (X,Y) 的联合分布律;由联合分布求边缘分布、条件分布、概率、数字特征.重点是求 (X,Y) 的联合分布律.

而求联合分布律时,首先应确定 (X,Y) 的所有可能取值,而这往往是很容易的;重要的是应计算出各自取值相应的概率,在计算概率 p_{ij} 时,可以考虑用古典概型直接计算或用乘法公式

计算,也可以根据题设条件分析出事件$\{X=x_i, Y=y_j\}$与所给条件的关系计算p_{ij}.

(2) 连续型随机变量概率分布的计算思路:

1) 联合概率密度$f(x,y)$是二元函数,定义域为整个xoy平面;边缘密度$f_X(x)(f_Y(y))$是一元函数,定义域为$(-\infty, +\infty)$;条件密度$f_{X|Y}(x|y)$是以y为参数,x为自变量的一元函数.

2) $f_{X|Y}(x|y) = \dfrac{f(x,y)}{f_Y(y)}$ "知二求一",不论$f(x,y)=0$还是$f_Y(y)=0$都记成$f_{X|Y}(x|y)=0$.

3) 涉及二维连续型随机变量的有关问题,要用到二重积分或用到二元函数固定其中一个变量对另一个变量积分,因此,先画出有关函数的定义域的图形或使$f(x,y)$取非零值的取值区域的图形,对正确确定积分上下限是有帮助的.

真题 7 (98 年,3 分) 设平面区域D由曲线$y=\dfrac{1}{x}$及直线$y=0, x=1, x=e^2$所围成,二维随机变量(X,Y)在区域D上服从均匀分布,则(X,Y)关于X的边缘概率密度在$x=2$处的值为_____.

【分析】由于(X,Y)在区域D上服从均匀分布,故只要求出D的面积,再根据均匀分布的定义就可以写出其联合概率密度,然后用边缘概率密度的公式求出关于X的边缘概率密度.

【详解】应填$\dfrac{1}{4}$.

区域D的面积为
$$S(D) = \int_1^{e^2} \dfrac{1}{x} dx = 2$$

(X,Y)的联合密度函数为
$$f(x,y) = \begin{cases} \dfrac{1}{2}, & (x,y) \in D \\ 0, & 其他 \end{cases}$$

关于X的边缘概率密度为
$$f_X(x) = \int_{-\infty}^{+\infty} f(x,y) dy = \begin{cases} \int_0^{\frac{1}{x}} \dfrac{1}{2} dy = \dfrac{1}{2x}, & 1 \leq x \leq e^2 \\ 0, & 其他 \end{cases}$$

故
$$f_X(2) = \dfrac{1}{4}$$

名师评注

本题综合考查了二维均匀分布、联合概率密度和边缘概率密度.这三个知识点都属于基本知识点,难度不大,但是此题的得分率并不高,主要原因是考生在求边缘概率密度函数时$\int_{-\infty}^{+\infty} f(x,y) dy$的具体表达式和积分的上下限写不出来.

真题 8（99年，8分）设随机变量 X 与 Y 相互独立，下表列出了二维随机变量 (X,Y) 联合分布律及关于 X 和关于 Y 的边缘分布律中的部分数值，试将其余数值填入表中的空白处。

X \ Y	y_1	y_2	y_3	$P\{X=x_i\}=p_i$
x_1		$\dfrac{1}{8}$		
x_2	$\dfrac{1}{8}$			
$P\{Y=y_j\}=p_j$	$\dfrac{1}{6}$			1

【分析】 当 (X,Y) 中的 X 与 Y 相互独立时，显然有 $p_{ij}=p_{i\cdot}\cdot p_{\cdot j}$，进一步分析就有

$$\frac{p_{11}}{p_{21}}=\frac{p_{12}}{p_{22}}=\frac{p_{13}}{p_{23}}=\frac{p_{1j}}{p_{2j}}=\frac{p_{1\cdot}\cdot p_{\cdot j}}{p_{2\cdot}\cdot p_{\cdot j}}=\frac{p_{1\cdot}}{p_{2\cdot}}.$$

这就意味着 X 与 Y 相互独立时，联合分布律的各行成比例，同理当 X 与 Y 相互独立时各列也成比例。反之也成立，如果各行、各列都成比例，则 X 与 Y 相互独立。

【详解】 因为 $P\{Y=y_1\}=P\{X=x_1,Y=y_1\}+P\{X=x_2,Y=y_1\}$

而由表知 $P\{Y=y_1\}=\dfrac{1}{6}$，$P\{X=x_2,Y=y_1\}=\dfrac{1}{8}$

所以 $P\{X=x_1,Y=y_1\}=P\{Y=y_1\}-P\{X=x_2,Y=y_1\}=\dfrac{1}{6}-\dfrac{1}{8}=\dfrac{1}{24}$

又根据 X 和 Y 相互独立，则有

$$P\{X=x_1,Y=y_1\}=P\{X=x_1\}P\{Y=y_1\}$$

而 $P\{X=x_1,Y=y_1\}=\dfrac{1}{24}$，$P\{Y=y_1\}=\dfrac{1}{6}$

所以 $P\{X=x_1\}=\dfrac{P\{X=x_1,Y=y_1\}}{P\{Y=y_1\}}=\dfrac{\frac{1}{24}}{\frac{1}{6}}=\dfrac{1}{4}$

再由边缘分布的定义，有

$$P\{X=x_1\}=P\{X=x_1,Y=y_1\}+P\{X=x_1,Y=y_2\}+P\{X=x_1,Y=y_3\}$$

所以 $P\{X=x_1,Y=y_3\}=P\{X=x_1\}-P\{X=x_1,Y=y_1\}-P\{X=x_1,Y=y_2\}$

$$=\dfrac{1}{4}-\dfrac{1}{24}-\dfrac{1}{8}=\dfrac{1}{12}$$

又由独立性知 $P\{X=x_1,Y=y_3\}=P\{X=x_1\}P\{Y=y_3\}$

所以 $P\{Y=y_3\}=\dfrac{P\{X=x_1,Y=y_3\}}{P\{X=x_1\}}=\dfrac{\frac{1}{12}}{\frac{1}{4}}=\dfrac{1}{3}$

由边缘分布定义,有 $P\{Y=y_3\}=P\{X=x_1,Y=y_3\}+P\{X=x_2,Y=y_3\}$

所以 $P\{X=x_2,Y=y_3\}=P\{Y=y_3\}-P\{X=x_1,Y=y_3\}=\dfrac{1}{3}-\dfrac{1}{12}=\dfrac{1}{4}$

再由 $\sum\limits_{i}p_{i\cdot}=1$,得 $P\{X=x_2\}=1-P\{X=x_1\}=1-\dfrac{1}{4}=\dfrac{3}{4}$,

而 $P\{X=x_2\}=P\{X=x_2,Y=y_1\}+P\{X=x_2,Y=y_2\}+P\{X=x_2,Y=y_3\}$

故 $P\{X=x_2,Y=y_2\}=P\{X=x_2\}-P\{X=x_2,Y=y_1\}-P\{X=x_2,Y=y_3\}$

$=\dfrac{3}{4}-\dfrac{1}{8}-\dfrac{1}{4}=\dfrac{3}{8}$

又 $\sum\limits_{j}p_{\cdot j}=1$,所以 $P\{Y=y_2\}=1-P\{Y=y_1\}-P\{Y=y_3\}=1-\dfrac{1}{6}-\dfrac{1}{3}=\dfrac{1}{2}$

所以有下表

X \ Y	y_1	y_2	y_3	$P\{X=x_i\}=p_{i\cdot}$
x_1	$\dfrac{1}{24}$	$\dfrac{1}{8}$	$\dfrac{1}{12}$	$\dfrac{1}{4}$
x_2	$\dfrac{1}{8}$	$\dfrac{3}{8}$	$\dfrac{1}{4}$	$\dfrac{3}{4}$
$P\{Y=y_j\}=p_{\cdot j}$	$\dfrac{1}{6}$	$\dfrac{1}{2}$	$\dfrac{1}{3}$	1

名师详注

本题主要考查二维离散型随机变量的联合分布律、边缘分布律的关系和独立性的应用. 二维离散型随机变量的联合分布律中如有某个 $p_{ij}=0$,则 X 和 Y 不独立. 因为若 $p_{ij}=0$,如果 X 和 Y 是独立的,则必有 $p_{ij}=p_{i\cdot}\cdot p_{\cdot j}=0$,也就是必有 $p_{i\cdot}=0$ 或者 $p_{\cdot j}=0$,即分布律中相应的行或者列全为 0,不可能仅有某个等于 0.

真题 9 (01 年,7 分)设某班车起点站上客人数 X 服从参数为 $\lambda(\lambda>0)$ 的泊松分布,每位乘客在中途下车的概率为 $p(0<p<1)$,且中途下车与否相互独立,以 Y 表示在中途下车的人数,求:

(1) 在发车时有 n 个乘客的条件下,中途有 m 人下车的概率.

(2) 二维随机变量 (X,Y) 的概率分布.

【分析】每位乘客在中途下车看成一次试验,独立重复试验. 可以把乘客下车看成试验成功,不下车看成是试验失败. 问题(1)就是 n 重伯努利试验中有 m 次成功. 有了问题(1)的条件分布就不难求出问题(2) 的 (X,Y) 的概率分布.

【详解】(1) 设事件 $A=\{$发车时有 n 个乘客$\}$,$B=\{$中途有 m 个人下车$\}$,则在发车时有 n 个乘客的条件下,中途有 m 个人下车的概率是一个条件概率,即

$$P(B|A)=P\{Y=m|X=n\}$$

根据 n 重伯努利概型,有 $P(B|A) = C_n^m p^m (1-p)^{n-m}, 0 \leqslant m \leqslant n, n = 0,1,2,\cdots$.

(2) 由于 $P\{X=n, Y=m\} = P(AB) = P(B|A) \cdot P(A)$,

而上车人数服从 $P(\lambda)$,因此 $P(A) = \dfrac{\lambda^n}{n!} e^{-\lambda}$

于是 (X,Y) 的概率分布律为

$$P\{X=n, Y=m\} = P\{Y=m | X=n\} P\{X=n\} = C_n^m p^m (1-p)^{n-m} \cdot \dfrac{\lambda^n}{n!} e^{-\lambda}$$

其中 $0 \leqslant m \leqslant n, n = 0,1,2,\cdots$

【名师评注】
本题主要考查二维离散型随机变量的概率分布、条件分布、二项分布和泊松分布.请考生务必记住二项分布、泊松分布、均匀分布、指数分布、正态分布等特殊分布的分布律或概率密度.写分布律时,不要漏写最后的取值范围,例如本题中的 $0 \leqslant m \leqslant n, n = 0,1,2,\cdots$

真题 10 (05 年,4 分) 设二维随机变量 (X,Y) 的概率分布为

X \ Y	0	1
0	0.4	a
1	b	0.1

已知随机事件 $\{X=0\}$ 与 $\{X+Y=1\}$ 相互独立,则( ).

(A) $a=0.2, b=0.3$ (B) $a=0.4, b=0.1$

(C) $a=0.3, b=0.2$ (D) $a=0.1, b=0.4$

【分析】 根据联合分布律显然有 $0.4 + a + b + 0.1 = 1$,可得 $a+b=0.5$,再由事件 $\{X=0\}$ 与 $\{X+Y=1\}$ 相互独立可以求出 a,b.

【详解】 应选 (B).

由二维离散型随机变量联合概率分布的性质 $\sum_i \sum_j p_{ij} = 1$,有 $0.4 + a + b + 0.1 = 1$,可知 $a+b=0.5$.

又事件 $\{X=0\}$ 与 $\{X+Y=1\}$ 相互独立,于是由独立的定义有

$$P\{X=0, X+Y=1\} = P\{X=0\} P\{X+Y=1\}$$

而 $P\{X=0, X+Y=1\} = P\{X=0, Y=1\} = a$

$P\{X+Y=1\} = P\{X=0, Y=1\} + P\{X=1, Y=0\} = a+b = 0.5$

则由边缘分布的定义有

$$P\{X=0\} = P\{X=0, Y=0\} + P\{X=0, Y=1\} = 0.4 + a$$

代入独立定义式,得 $a = (0.4+a) \times 0.5$,解得 $a=0.4, b=0.1$.

名师评注

本题主要考查事件之间独立性的概念,以及二维随机变量分布律的基本性质.注意,本题中并没有说 X 和 Y 的独立性,不要求关于 X 和 Y 的边缘分布.

真题 11(06 年,9 分)设随机变量 X 的概率密度为

$$f_X(x) = \begin{cases} \dfrac{1}{2}, & -1 < x < 0 \\ \dfrac{1}{4}, & 0 \leqslant x < 2, \\ 0 & \text{其他} \end{cases}$$

令 $Y = X^2$,$F(x,y)$ 为二维随机变量 (X,Y) 的分布函数.求:

(1) Y 的概率密度 $f_Y(y)$;

(2) $F\left(-\dfrac{1}{2}, 4\right)$.

【分析】(1) 先求分布函数 $F_Y(y) = P\{Y \leqslant y\} = P\{X^2 \leqslant y\}$,由于 $f_X(x)$ 是分段函数,所以在计算 $F_Y(y)$ 时,要相应分段讨论,然后再求 $f_Y(y) = F_Y'(y)$.

(2) $F\left(-\dfrac{1}{2}, 4\right) = P\left\{X \leqslant -\dfrac{1}{2}, Y \leqslant 4\right\} = P\left\{X \leqslant -\dfrac{1}{2}, X^2 \leqslant 4\right\}$,只是与 X 有关,因此没有必要求出 $F(x,y)$.

【详解】(1) 设 Y 的分布函数为 $F_Y(y)$,则 $F_Y(y) = P\{Y \leqslant y\} = P\{X^2 \leqslant y\}$.

当 $y < 0$ 时,$F_Y(y) = 0$.

当 $0 \leqslant y < 1$ 时,

$$F_Y(y) = P(-\sqrt{y} \leqslant X \leqslant \sqrt{y}) = \int_{-\sqrt{y}}^{0} \dfrac{1}{2} dx + \int_{0}^{\sqrt{y}} \dfrac{1}{4} dx = \dfrac{3}{4}\sqrt{y}.$$

当 $1 \leqslant y < 4$ 时,

$$F_Y(y) = P(-\sqrt{y} \leqslant X \leqslant \sqrt{y}) = \int_{-1}^{0} \dfrac{1}{2} dx + \int_{0}^{\sqrt{y}} \dfrac{1}{4} dx = \dfrac{1}{2} + \dfrac{1}{4}\sqrt{y}.$$

当 $y \geqslant 4$ 时,$F_Y(y) = 1$.

综上所述,有

$$F_Y(y) = \begin{cases} 0, & y < 0 \\ \dfrac{3}{4}\sqrt{y}, & 0 \leqslant y < 1 \\ \dfrac{1}{2} + \dfrac{1}{4}\sqrt{y}, & 1 \leqslant y < 4 \\ 1, & y \geqslant 4 \end{cases}$$

故 Y 的概率密度为

$$f_Y(y) = F'_Y(y) = \begin{cases} \dfrac{3}{8\sqrt{y}}, & 0 < y < 1 \\ \dfrac{1}{8\sqrt{y}}, & 1 < y < 4 \\ 0, & \text{其他} \end{cases}$$

(2) $F\left(-\dfrac{1}{2}, 4\right) = P\left\{X \leqslant -\dfrac{1}{2}, Y \leqslant 4\right\} = P\left\{X \leqslant -\dfrac{1}{2}, X^2 \leqslant 4\right\} = P\left\{-2 \leqslant X \leqslant -\dfrac{1}{2}\right\}$

$= P\left\{-1 \leqslant X \leqslant -\dfrac{1}{2}\right\} = \int_{-1}^{-\frac{1}{2}} \dfrac{1}{2} \mathrm{d}x = \dfrac{1}{4}$

名师评注

本题主要考查随机变量函数的分布、二维随机变量及其分布. 在求解 $F_Y(y)$ 的过程中关键是确定自变量 y 的分段点, 方法是将 x 的分段点 $-1, 0, 2$ 代入 $y = x^2$ 中得到 y 的分段点 $0, 1, 4$.

真题 12 (09 年, 11 分) 袋中有 1 个红球, 2 个黑球与 3 个白球. 现有放回地从袋中取两次, 每次取一个球. 以 X, Y, Z 分别表示两次取球所取得的红球、黑球与白球的个数. 求:

(1) $P\{X = 1 \mid Z = 0\}$;

(2) 二维随机变量 (X, Y) 的概率分布.

【分析】 有放回地取两次, 每次取一球, 总共取到两个球, 每次有 6 种可能性, 总共有 36 种可能性, 求概率时只要把符合条件的可能性列出来即可.

【详解】 (1) 由条件概率, 得

$$P\{X = 1 \mid Z = 0\} = \dfrac{P\{X = 1, Z = 0\}}{P\{Z = 0\}} = \dfrac{\dfrac{C_2^1 \times 1 \times 2}{6 \times 6}}{\dfrac{3 \times 3}{6 \times 6}} = \dfrac{4}{9}$$

(2) 易知, X, Y 的可能取值均为 $0, 1, 2$. 由古典概型, 得

$P\{X = 0, Y = 0\} = \dfrac{3 \times 3}{6 \times 6} = \dfrac{1}{4},$ $\quad P\{X = 0, Y = 1\} = \dfrac{C_2^1 \times 2 \times 3}{6 \times 6} = \dfrac{1}{3}$

$P\{X = 0, Y = 2\} = \dfrac{2 \times 2}{6 \times 6} = \dfrac{1}{9},$ $\quad P\{X = 1, Y = 0\} = \dfrac{C_2^1 \times 1 \times 3}{6 \times 6} = \dfrac{1}{6}$

$P\{X = 1, Y = 1\} = \dfrac{C_2^1 \times 1 \times 2}{6 \times 6} = \dfrac{1}{9},$ $\quad P\{X = 1, Y = 2\} = 0$

$P\{X = 2, Y = 0\} = \dfrac{1 \times 1}{6 \times 6} = \dfrac{1}{36},$ $\quad P\{X = 2, Y = 1\} = 0$

$P\{X = 2, Y = 2\} = 0$

故二维随机变量(X,Y)的概率分布为

Y\X	0	1	2
0	$\frac{1}{4}$	$\frac{1}{3}$	$\frac{1}{9}$
1	$\frac{1}{6}$	$\frac{1}{9}$	0
2	$\frac{1}{36}$	0	0

名师评注

本题主要考查古典型概率、条件概率和离散型二维随机变量的分布律.做题时,一定要注意是有放回抽样,否则会弄错 X,Y 的取值.对于条件概率,如果不能直接看出结果,通常都用条件概率的定义式计算.

真题 13（10 年,11 分）设二维随机变量(X,Y)的概率密度为
$$f(x,y)=Ae^{-2x^2+2xy-y^2}, -\infty<x<+\infty, -\infty<y<+\infty$$
求常数 A 及条件概率密度 $f_{Y|X}(y|x)$.

【分析】 给出二维随机变量的概率密度 $f(x,y)$ 后,要求条件概率密度 $f_{Y|X}(y|x)$ 时,可用公式 $f_{Y|X}(y|x)=\dfrac{f(x,y)}{f_X(x)}$,其中 $f_X(x)>0$,而 $f_X(x)=\int_{-\infty}^{+\infty}f(x,y)\mathrm{d}y$.本题还需要确定常数 A,用 $\int_{-\infty}^{+\infty}\int_{-\infty}^{+\infty}f(x,y)\mathrm{d}x\mathrm{d}y=1$ 确定,还不如用 $\int_{-\infty}^{+\infty}f_X(x)=1$ 确定.

【详解】 $f_X(x)=\int_{-\infty}^{+\infty}f(x,y)\mathrm{d}y=\int_{-\infty}^{+\infty}Ae^{-2x^2+2xy-y^2}\mathrm{d}y=Ae^{-x^2}\int_{-\infty}^{+\infty}e^{-(y-x)^2}\mathrm{d}y$
$=A\sqrt{\pi}e^{-x^2}, -\infty<x<+\infty$

根据概率密度性质有
$$1=\int_{-\infty}^{+\infty}f_X(x)\mathrm{d}x=A\sqrt{\pi}\int_{-\infty}^{+\infty}e^{-x^2}\mathrm{d}x=A\pi, 即 A=\frac{1}{\pi}$$

条件概率密度 $f_{Y|X}(y|x)$ 为
$$f_{Y|X}(y|x)=\frac{f(x,y)}{f_X(x)}=\frac{1}{\sqrt{\pi}}e^{-x^2+2xy-y^2}=\frac{1}{\sqrt{\pi}}e^{-(x-y)^2}, -\infty<x<+\infty, -\infty<y<+\infty$$

名师评注

本题主要考查二维正态分布的概率密度、边缘概率密度和条件概率密度.解题过程中积分"$\int_{-\infty}^{+\infty}e^{-(y-x)^2}\mathrm{d}y=\sqrt{\pi}$(对 y 积分,将 x 看成常数)"是由标准正态分布的概率密度的规范性得到的,即 $\int_{-\infty}^{+\infty}\dfrac{1}{\sqrt{2\pi}}e^{-\frac{y^2}{2}}\mathrm{d}y=1$ 或 $\int_{-\infty}^{+\infty}e^{-\frac{y^2}{2}}\mathrm{d}y=\sqrt{2\pi}$.对于这类积分的结果要求考生特别熟悉.通过本题求得 $f_{Y|X}(y|x)=\dfrac{1}{\sqrt{\pi}}e^{-(x-y)^2}$,证实了一个结论:二维正态分布下的条件分布也是正态分布.

三、随机变量函数的分布(31年11考)

1.知识要点

(1) 离散型情形.

若(X,Y)的联合分布律为$P\{X=x_i,Y=y_j\}=p_{ij}$,则$Z=g(X,Y)$的分布律为

$$P\{Z=z_k\}=P\{Z=g(x_i,y_j)\}=\sum_{z_k=g(x_i,y_j)}p_{ij}$$

(2) 连续型情形.

已知(X,Y)的联合密度函数$f(x,y)$及(X,Y)的函数$Z=g(X,Y)$,求Z的分布函数$F_Z(z)$或密度函数$f_Z(z)$.

2.解题思路

求二维随机变量(X,Y)的函数$Z=g(X,Y)$的概率分布的方法:

(1) 离散型情形:利用定义法进行求解.

(2) 连续型情形:利用定义法求解,也称为分布函数法.

先求出分布函数$F_Z(z)$,

$$F_Z(z)=P\{Z\leqslant z\}=P\{g(X,Y)\leqslant z\}=\iint\limits_{g(x,y)\leqslant z}f(x,y)\mathrm{d}x\mathrm{d}y$$

再求出密度函数$f_Z(z)=F_Z'(z)$.

(3) 离散型与连续型的复合:一般需要全概率公式进行求解,其中离散型随机变量的所有可能取值构成了全概率公式的完备事件组.

真题14 (87年,6分) 设随机变量X,Y相互独立,其概率密度函数分别为

$$f_X(x)=\begin{cases}1, & 0\leqslant x\leqslant 1\\ 0, & \text{其它}\end{cases}$$

和

$$f_Y(y)=\begin{cases}\mathrm{e}^{-y}, & y>0\\ 0, & y\leqslant 0\end{cases}$$

求随机变量$Z=2X+Y$的概率密度函数$f_Z(z)$.

【分析】由X,Y的概率密度以及独立性可求得(X,Y)的联合概率密度,然后用分布函数法求出Z的分布函数$F_Z(z)$,再求得Z的概率密度函数$f_Z(z)$.

【详解】由于随机变量X,Y相互独立,所以二维随机变量(X,Y)的联合概率密度函数为

$$f(x,y)=f_X(x)\cdot f_Y(y)=\begin{cases}\mathrm{e}^{-y}, & 0\leqslant x\leqslant 1,y>0\\ 0, & \text{其他}\end{cases}$$

因此,随机变量Z的分布函数为

$$F_Z(z)=P\{2X+Y\leqslant z\}=\iint\limits_{2x+y\leqslant z}f(x,y)\mathrm{d}x\mathrm{d}y$$

$$= \begin{cases} 0, & z < 0 \\ \int_0^{\frac{z}{2}} dx \int_0^{z-2x} e^{-y} dy, & 0 \leqslant z < 2 \\ \int_0^1 dx \int_0^{z-2x} e^{-y} dy, & z \geqslant 2 \end{cases}$$

$$= \begin{cases} 0, & z < 0 \\ \int_0^{\frac{z}{2}} (1 - e^{2x-z}) dx, & 0 \leqslant z < 2 \\ \int_0^1 (1 - e^{2x-z}) dx, & z \geqslant 2 \end{cases}$$

所以,随机变量 Z 的概率密度函数为

$$f_Z(z) = F_Z'(z) = \begin{cases} 0, & z < 0 \\ \dfrac{1}{2}(1 - e^{-z}), & 0 \leqslant z < 2 \\ \dfrac{1}{2}(e^2 - 1)e^{-z}, & z \geqslant 2 \end{cases}$$

名师评注

本题考查二维连续型随机变量函数的分布.在求分布函数时,保留了变限积分,是因为后面还要求导,这样可以节省时间.在求 $F_Z(z)$ 和 $f_Z(z)$ 时,只能讨论 z 的范围,不能讨论 x,y 的范围,而对 z 的讨论要完整.

真题 15 (89年,6分) 设随机变量 X 与 Y 独立,且 $X \sim N(1,2)$, $Y \sim N(0,1)$.试求随机变量 $Z = 2X - Y + 3$ 的概率密度函数.

【分析】由于 $X \sim N(1,2)$, $Y \sim N(0,1)$ 且 X 与 Y 独立,则 $Z = 2X - Y + 3$ 也服从一维正态分布,根据正态分布的概率密度就能写出 Z 的概率密度.

【详解】因为相互独立的正态随机变量的线性组合仍然服从正态分布,故只需确定 Z 的均值 EZ 和方差 DZ.

由于
$$EZ = E(2X - Y + 3) = 2EX - EY + 3 = 5$$
$$DZ = D(2X - Y + 3) = 4DX + DY = 4 \times 2 + 1 = 9$$

故 Z 的概率密度函数为
$$f_Z(z) = \frac{1}{3\sqrt{2\pi}} e^{-\frac{(z-5)^2}{18}}$$

名师评注

本题主要考查正态分布的性质、概率密度、期望和方差.在相互独立的情况下,两个正态分布的线性组合仍为正态分布,本题用到这一结论.

真题 16（91 年,6 分）设二维随机变量(X,Y)的密度函数为
$$f(x,y)=\begin{cases}2\mathrm{e}^{-(x+2y)}, & x>0,y>0\\ 0, & \text{其它}\end{cases}$$
求随机变量$Z=X+2Y$的分布函数.

【分析】利用分布函数法求随机变量$Z=X+2Y$的分布函数$F_Z(z)$,即
$$F_Z(z)=P\{Z\leqslant z\}=P\{X+2Y\leqslant z\}=\iint\limits_{x+2y\leqslant z}f(x,y)\mathrm{d}x\mathrm{d}y$$

【详解】设$Z=X+2Y$的分布函数为$F_Z(z)$,则
$$F_Z(z)=P\{Z\leqslant z\}=P\{X+2Y\leqslant z\}=\iint\limits_{x+2y\leqslant z}f(x,y)\mathrm{d}x\mathrm{d}y$$

当$z\leqslant 0$时,$F_Z(z)=0$;当$z>0$时(见图 3-1),
$$F_Z(z)=P\{Z\leqslant z\}=P\{X+2Y\leqslant z\}=\int_0^z\mathrm{e}^{-x}\mathrm{d}x\int_0^{\frac{z-x}{2}}2\mathrm{e}^{-2y}\mathrm{d}y$$
$$=\int_0^z\mathrm{e}^{-x}(1-\mathrm{e}^{x-z})\mathrm{d}x=1-\mathrm{e}^{-z}-z\mathrm{e}^{-z}$$

故随机变量$Z=X+2Y$的分布函数为
$$F_Z(z)=\begin{cases}1-\mathrm{e}^{-z}-z\mathrm{e}^{-z}, & z>0\\ 0, & z\leqslant 0\end{cases}$$

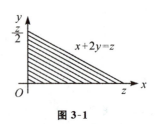

图 3-1

名师评注

本题考查二维连续型随机变量函数的分布.在求$F_Z(z)$时,只能讨论z的范围,不能讨论x,y的范围,而对z的讨论要完整.

真题 17（92 年,6 分）设随机变量X与Y独立,X服从正态分布$N(\mu,\sigma^2)$,服从$[-\pi,\pi]$上的均匀分布,试求$Z=X+Y$的概率分布密度(计算结果用标准正态分布函数$\varPhi(x)$表示,其中$\varPhi(x)=\dfrac{1}{\sqrt{2\pi}}\int_{-\infty}^x\mathrm{e}^{-\frac{t^2}{2}}\mathrm{d}t$).

【分析】对均匀分布、指数分布、正态分布等常见分布,做计算、证明时最好先写出其分布律或者是概率密度.根据独立性写出(X,Y)的联合概率密度函数,再用分布函数法求$Z=X+Y$的分布函数$F_Z(z)=P\{Z\leqslant z\}=P\{X+Y\leqslant z\}=\iint\limits_{x+y\leqslant z}f(x,y)\mathrm{d}x\mathrm{d}y$,最后求出$Z=X+Y$的概率密度函数.

【详解】随机变量X与Y的概率密度函数分别为
$$f_X(x)=\dfrac{1}{\sqrt{2\pi}\sigma}\mathrm{e}^{-\frac{(x-\mu)^2}{2\sigma^2}},-\infty<x<+\infty;f_Y(y)=\begin{cases}\dfrac{1}{2\pi}, & -\pi\leqslant y\leqslant\pi\\ 0, & \text{其他}\end{cases}$$

又随机变量X与Y独立,故(X,Y)的联合密度函数为

$$f(x,y)=f_X(x)f_Y(y)=\begin{cases}\dfrac{1}{2\pi}\cdot\dfrac{1}{\sqrt{2\pi}\sigma}e^{-\frac{(x-\mu)^2}{2\sigma^2}}, & -\infty<x<+\infty,-\pi\leqslant y\leqslant\pi\\ 0, & \text{其他}\end{cases}$$

Z 的分布函数为(见图 3-2)

$$\begin{aligned}F_Z(z)&=P\{Z\leqslant z\}=P\{X+Y\leqslant z\}=\iint\limits_{x+y\leqslant z}f(x,y)\mathrm{d}x\mathrm{d}y\\ &=\int_{-\pi}^{\pi}\mathrm{d}y\int_{-\infty}^{z-y}f(x,y)\mathrm{d}x=\int_{-\pi}^{\pi}\mathrm{d}y\int_{-\infty}^{z-y}\dfrac{1}{2\pi}\cdot\dfrac{1}{\sqrt{2\pi}\sigma}e^{-\frac{(x-\mu)^2}{2\sigma^2}}\mathrm{d}x\\ &=\dfrac{1}{2\pi}\int_{-\pi}^{\pi}\mathrm{d}y\int_{-\infty}^{z-y}\dfrac{1}{\sqrt{2\pi}\sigma}e^{-\frac{(x-\mu)^2}{2\sigma^2}}\mathrm{d}x\\ &=\dfrac{1}{2\pi}\int_{-\pi}^{\pi}\mathrm{d}y\,\Phi\!\left(\dfrac{z-y-\mu}{\sigma}\right)\mathrm{d}y\end{aligned}$$

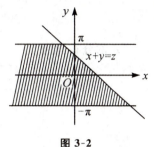

图 3-2

令 $t=\dfrac{z-y-\mu}{\sigma}$,则 $\int_{-\pi}^{\pi}\Phi\!\left(\dfrac{z-y-\mu}{\sigma}\right)\mathrm{d}y=\int_{\frac{z-\pi-\mu}{\sigma}}^{\frac{z+\pi-\mu}{\sigma}}\Phi(t)\sigma\mathrm{d}t=\sigma\int_{\frac{z-\pi-\mu}{\sigma}}^{\frac{z+\pi-\mu}{\sigma}}\Phi(t)\mathrm{d}t$

故 $$F_Z(z)=\dfrac{\sigma}{2\pi}\int_{\frac{z-\pi-\mu}{\sigma}}^{\frac{z+\pi-\mu}{\sigma}}\Phi(t)\mathrm{d}t$$

所以 Z 的概率分布密度为

$$f_Z(z)=F_Z'(z)=\dfrac{1}{2\pi}\left[\Phi\!\left(\dfrac{z+\pi-\mu}{\sigma}\right)-\Phi\!\left(\dfrac{z-\pi-\mu}{\sigma}\right)\right]$$

名师评注

本题考查二维连续型随机变量函数的分布.本题中的积分换元 $t=\dfrac{z-y-\mu}{\sigma}$ 是 y 与 t 之间的换元,这种换元法经常用到.

真题 18(94 年,3 分)设相互独立的两个随机变量 X,Y 具有同一分布律,且 X 的分布律为

X	0	1
p	$\dfrac{1}{2}$	$\dfrac{1}{2}$

则随机变量 $Z=\max\{X,Y\}$ 的分布律为 _____.

【分析】通过 X,Y 的取值,可以确定 $Z=\max\{X,Y\}$ 的取值仅为 0,1 两个,根据独立性只需要计算出来 $P\{Z=0\}$,则 $P\{Z=1\}=1-P\{Z=0\}$.

【详解】应填

Z	0	1
p	$\dfrac{1}{4}$	$\dfrac{3}{4}$

由于 X, Y 仅取 $0、1$ 两个数值，故 Z 也仅取 0 和 1 两个数值，因 X, Y 相互独立，故

$$P\{Z=0\}=P\{\max(X,Y)=0\}=P\{X=0,Y=0\}=P\{X=0\}\cdot P\{Y=0\}=\frac{1}{2}\times\frac{1}{2}=\frac{1}{4}$$

$$P\{Z=1\}=1-P\{Z=0\}=\frac{3}{4}$$

Z 的分布律为

Z	0	1
p	$\frac{1}{4}$	$\frac{3}{4}$

名师评注

本题考查二维离散型随机变量函数的分布．对于离散型随机变量而言，欲求分布一般只求分布律，搞清这个随机变量有哪些所有可能取值，再计算它们所对应的概率即可．

真题 19（05 年，9 分）设二维随机变量 (X,Y) 的概率密度为

$$f(x,y)=\begin{cases}1, & 0<x<1, 0<y<2x \\ 0, & \text{其他}\end{cases}$$

求：(1) (X,Y) 的边缘概率密度 $f_X(x), f_Y(y)$；

(2) $Z=2X-Y$ 的概率密度 $f_Z(z)$．

【分析】(1) 利用公式 $f_X(x)=\int_{-\infty}^{+\infty}f(x,y)\mathrm{d}y$ 和 $f_Y(y)=\int_{-\infty}^{+\infty}f(x,y)\mathrm{d}x$ 求边缘密度 $f_X(x)$ 和 $f_Y(y)$．

(2) 利用分布函数法先求 Z 的分布函数 $F_Z(z)$，即

$$F_Z(z)=P\{Z\leqslant z\}=P\{2X-Y\leqslant z\}=\iint\limits_{2x-y\leqslant z}f(x,y)\mathrm{d}x\mathrm{d}y$$

再求其密度函数 $f_Z(z)$．

【详解】(1) $f_X(x)=\int_{-\infty}^{+\infty}f(x,y)\mathrm{d}y.$

当 $0<x<1$ 时，$f_X(x)=\int_0^{2x}1\mathrm{d}y=2x.$

当 $x\leqslant 0$ 或 $x\geqslant 1$ 时，$f_X(x)=0.$

故

$$f_X(x)=\begin{cases}2x, & 0<x<1 \\ 0, & \text{其他}\end{cases}$$

$$f_Y(y)=\int_{-\infty}^{+\infty}f(x,y)\mathrm{d}x$$

当 $0<y<2$ 时，$f_Y(y)=\int_{\frac{y}{2}}^{1}1\mathrm{d}y=1-\frac{y}{2}.$

当 $y\leqslant 0$ 或 $x\geqslant 2$ 时，$f_Y(y)=0.$

故
$$f_Y(y) = \begin{cases} 1 - \dfrac{y}{2}, & 0 < y < 2 \\ 0, & \text{其他} \end{cases}$$

(2) 设 $Z = 2X - Y$ 的分布函数为 $F_Z(z)$,则
$$F_Z(z) = P\{Z \leqslant z\} = P\{2X - Y \leqslant z\} = \iint\limits_{2x-y \leqslant z} f(x,y)\mathrm{d}x\mathrm{d}y$$

当 $z < 0$ 时,$F_Z(z) = 0$. 当 $0 \leqslant z < 2$ 时(见图 3-3),
$$F_Z(z) = P\{2X - Y \leqslant z\} = \iint\limits_{2x-y \leqslant z} f(x,y)\mathrm{d}x\mathrm{d}y$$
$$= 1 - \iint\limits_{2x-y > z} f(x,y)\mathrm{d}x\mathrm{d}y = 1 - \int_{\frac{z}{2}}^{1} \mathrm{d}x \int_{0}^{2x-z} \mathrm{d}y = z - \frac{1}{4}z^2$$

当 $z \geqslant 2$ 时,$F_Z(z) = 1$.

所以 $Z = 2X - Y$ 的概率密度为
$$f_Z(z) = F_Z'(z) = \begin{cases} 1 - \dfrac{1}{2}z, & 0 < z < 2 \\ 0, & \text{其他} \end{cases}$$

名师评注

本题(1)考查边缘概率密度的计算,关键在确定积分的上下限;本题(2)考查二维连续型随机变量函数的分布.从联合概率密度 $f(x,y)$ 的表达式以及定义域可以得出 (X,Y) 服从二维均匀分布,因此在计算 $\iint\limits_{x-2y \leqslant z} f(x,y)\mathrm{d}x\mathrm{d}y$ 时,可以直接利用面积进行计算,即

$$\iint\limits_{x-2y \leqslant z} f(x,y)\mathrm{d}x\mathrm{d}y = \iint\limits_{D} 1\mathrm{d}x\mathrm{d}y = S = 1 - \left(1 - \dfrac{z}{2}\right)^2 = z - \dfrac{z^2}{4}$$

真题 20 (07 年,11 分) 设二维随机变量 (X,Y) 的概率密度为
$$f(x,y) = \begin{cases} 2 - x - y, & 0 < x < 1, 0 < y < 1 \\ 0, & \text{其他} \end{cases}$$

求:(1) $P\{X > 2Y\}$;

(2) $Z = X + Y$ 的概率密度 $f_Z(z)$.

【分析】(1) 利用公式 $P\{X > 2Y\} = \iint\limits_{x > 2y} f(x,y)\mathrm{d}x\mathrm{d}y$ 计算 $P\{X > 2Y\}$.

(2) 利用分布函数法先求 Z 的分布函数 $F_Z(z)$,即
$$F_Z(z) = P\{Z \leqslant z\} = P\{X + Y \leqslant z\} = \iint\limits_{x+y \leqslant z} f(x,y)\mathrm{d}x\mathrm{d}y$$

再求其密度函数 $f_Z(z)$.

【详解】(1) $P(X>2Y)=\int_0^1 dx \int_0^{\frac{x}{2}}(2-x-y)dy=\int_0^1(x-\frac{5x^2}{8})dx=\frac{7}{24}$

(2) 设 $F_Z(z)$ 为 $Z=X+Y$ 的分布函数，则

$$F_Z(z)=P\{Z\leqslant z\}=P\{X+Y\leqslant z\}=\iint_{x+y\leqslant z}f(x,y)dxdy$$

当 $z<0$ 时，$F_Z(z)=0$.

当 $0\leqslant z<1$ 时（见图 3-4），

$$F_Z(z)=\int_0^z dx\int_0^{z-x}(2-x-y)dy=z^2-\frac{z^3}{3}$$

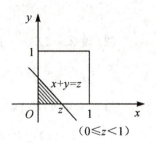

（$0\leqslant z<1$）

图 3-4

当 $1\leqslant z<2$ 时（见图 3-5），

$$F_Z(z)=1-\int_{z-1}^1 dx\int_{z-x}^1 (2-x-y)dy=\frac{z^3}{3}-2z^2+4z-\frac{5}{3}$$

当 $z\geqslant 2$ 时，$F_Z(z)=1$.

从而 $f_Z(z)=F_Z'(z)=\begin{cases}2z-z^2, & 0\leqslant z<1 \\ z^2-4z+4, & 1\leqslant z<2 \\ 0, & \text{其他}\end{cases}$

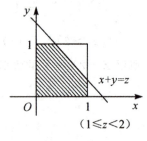

（$1\leqslant z<2$）

图 3-5

名师评注

本题主要考查二维连续型随机变量的概率计算以及两个随机变量函数的分布. 注意，本题中的 (X,Y) 不服从二维均匀分布，因此在计算 Z 的分布函数 $F_Z(z)$ 时不能用面积之比来计算.

真题 21 (08 年，11 分) 设随机变量 X 与 Y 相互独立，X 的概率分布为 $P\{X=i\}=\frac{1}{3}(i=-1,0,1)$，$Y$ 的概率密度为 $f_Y(y)=\begin{cases}1, & 0\leqslant y\leqslant 1 \\ 0, & \text{其他}\end{cases}$，记 $Z=X+Y$. 求：

(1) $P\{Z\leqslant \frac{1}{2}|X=0\}$；

(2) Z 的概率密度 $f_Z(z)$.

【分析】(1) 求 $P\{Z\leqslant \frac{1}{2}|X=0\}$ 时，由于 $Z=X+Y$，且 X 与 Y 相互独立，所以

$$P\{Z\leqslant \frac{1}{2}|X=0\}=P\{X+Y\leqslant \frac{1}{2}|X=0\}=P\{Y\leqslant \frac{1}{2}|X=0\}=P\{Y\leqslant \frac{1}{2}\}$$

当然，也可以先利用条件概率公式再用独立性求 $P\{Z\leqslant \frac{1}{2}|X=0\}$.

(2) 利用分布函数法求分布函数 $F_Z(z)$，即 $F_Z(z)=P\{Z\leqslant z\}=P\{X+Y\leqslant z\}$，然后可将事件"$X+Y\leqslant z$"分解成 $\{X+Y\leqslant z, X=-1\}$，$\{X+Y\leqslant z, X=0\}$ 与 $\{X+Y\leqslant z, X=1\}$ 三

个事件之和，就不难进一步求解.

【详解】（1）由于随机变量 X 与 Y 相互独立，所以

$$P\left\{Z \leqslant \frac{1}{2} \mid X=0\right\} = P\left\{X+Y \leqslant \frac{1}{2} \mid X=0\right\} = P\left\{Y \leqslant \frac{1}{2} \mid X=0\right\}$$

$$= P\left\{Y \leqslant \frac{1}{2}\right\} = \int_0^{\frac{1}{2}} 1 \mathrm{d}y = \frac{1}{2}$$

（2）$F_Z(z) = P\{Z \leqslant z\} = P\{X+Y \leqslant z\}$

$$= P\{X+Y \leqslant z, X=-1\} + P\{X+Y \leqslant z, X=0\} + P\{X+Y \leqslant z, X=1\}$$

$$= P\{Y \leqslant z+1, X=-1\} + P\{Y \leqslant z, X=0\} + P\{Y \leqslant z-1, X=1\}$$

$$= P\{Y \leqslant z+1\}P\{X=-1\} + P\{Y \leqslant z\}P\{X=0\} + P\{Y \leqslant z-1\}P\{X=1\}$$

$$= \frac{1}{3}[P\{Y \leqslant z+1\} + P\{Y \leqslant z\} + P\{Y \leqslant z-1\}]$$

$$= \frac{1}{3}[F_Y(z+1) + F_Y(z) + F_Y(z-1)]$$

所以 $f_Z(z) = F_Z'(z) = \frac{1}{3}[f_Y(z+1) + f_Y(z) + f_Y(z-1)] = \begin{cases} \dfrac{1}{3}, & -1 < z < 2 \\ 0, & \text{其他} \end{cases}$

名师详注

（1）本题主要考查条件概率和独立性的运用，关键在于

$$P\left\{X+Y \leqslant \frac{1}{2} \mid X=0\right\} = P\left\{Y \leqslant \frac{1}{2} \mid X=0\right\} = P\left\{Y \leqslant \frac{1}{2}\right\}$$

（2）在求 $F_Z(z)$ 时，也可以用全概率公式：

$$F_Z(z) = P\{Z \leqslant z\} = P\{X+Y \leqslant z\} = \sum_{i=-1}^{1} P\{X+Y \leqslant z \mid X=i\}P\{X=i\}$$

$$= \frac{1}{3}P\{-1+Y \leqslant z \mid X=-1\} + \frac{1}{3}P\{Y \leqslant z \mid X=0\} + \frac{1}{3}P\{1+Y \leqslant z \mid X=1\}$$

$$= \frac{1}{3}P\{Y \leqslant z+1\} + \frac{1}{3}P\{Y \leqslant z\} + \frac{1}{3}P\{Y \leqslant z-1\}$$

$$= \frac{1}{3}P[F_Y(z+1) + F_Y(z) + F_Y(z-1)]$$

一般地，如果 $Z=X+Y$，其中 X 是离散型随机变量，Y 是连续型随机变量，而 X 与 Y 相互独立，常常采用本题所用的方法求 $F_Z(z)$.

（3）当得到 $F_Z(z) = \frac{1}{3}[F_Y(z+1) + F_Y(z) + F_Y(z-1)]$ 后，就有

$$f_Z(z) = F_Z'(z) = \frac{1}{3}[f_Y(z+1) + f_Y(z) + f_Y(z-1)]$$

> 严格地说,$f_Z(z) = F'_Z(z)$ 只有当 $z \neq 0$ 和 $z \neq 1$ 时成立,因为 $z=0$ 和 $z=1$ 处 $f_Z(z)$ 不连续.实际上,$F'_Z(z)$ 在 $z=0$ 和 $z=1$ 处不存在.但作为密度函数,$f_Z(z)$ 个别点的取值并不影响 $f_Z(z)$ 和 $F_Z(z)$ 的概率性质,就直接写成了 $F'_Z(z) = f_Z(z)$ 处处成立.
>
> (4) 本题常见的错误有
>
> $$f_Z(z) = F'_Z(z) = \frac{1}{3}[f_Y(z+1) + f_Y(z) + f_Y(z-1)] = \begin{cases} 1, & 0 < z < 1 \\ 0, & 其它 \end{cases}$$
>
> 这是因为在进行相加时没有弄清楚三者 $f_Y(z+1), f_Y(z), f_Y(z-1)$ 的定义域是不相同的,不能直接相加.

真题22 (09年,4分) 设随机变量 X 与 Y 相互独立,且 X 服从标准正态分布 $N(0,1)$,Y 的概率分布为 $P\{Y=0\} = P\{Y=1\} = \frac{1}{2}$. 记 $F_Z(z)$ 为随机变量 $Z = XY$ 的分布函数,则函数 $F_Z(z)$ 的间断点个数为( ).

(A) 0   (B) 1   (C) 2   (D) 3

【分析】如果将事件 $\{Y=0\}$ 和 $\{Y=1\}$ 看成一完备事件组,则由全概率公式

$$F_Z(z) = P\{Z \leqslant z\} = P\{XY \leqslant z\}$$
$$= P\{XY \leqslant z \mid Y=0\} P\{Y=0\} + P\{XY \leqslant z \mid Y=1\} P\{Y=1\}$$

不难计算出 $F_Z(z)$,从而可以判断其间断点. 这种方法常用于两独立随机变量,其中一个为离散型的情况.

【详解】应选(B).

$$F_Z(z) = P\{Z \leqslant z\} = P\{XY \leqslant z\}$$
$$= P\{XY \leqslant z \mid Y=0\} P\{Y=0\} + P\{XY \leqslant z \mid Y=1\} P\{Y=1\}$$
$$= \frac{1}{2} P\{XY \leqslant z \mid Y=0\} + \frac{1}{2} P\{XY \leqslant z \mid Y=1\}$$
$$= \frac{1}{2} P\{X \cdot 0 \leqslant z \mid Y=0\} + \frac{1}{2} P\{X \leqslant z \mid Y=1\}$$

由于 X,Y 相互独立,所以

$$F_Z(z) = \frac{1}{2} P\{X \cdot 0 \leqslant z\} + \frac{1}{2} P\{X \leqslant z\}$$
$$= \frac{1}{2} P\{0 \leqslant z\} + \frac{1}{2} P\{X \leqslant z\}$$

当 $z < 0$ 时,$F_Z(z) = \frac{1}{2} \Phi(z)$.

当 $z \geqslant 0$ 时,$F_Z(z) = \frac{1}{2} + \frac{1}{2} \Phi(z)$.

故 $z = 0$ 为 $F_Z(z)$ 的间断点,于是,答案为(B).

> **名师评注**
>
> 本题考查二维随机变量函数的分布以及全概率公式的应用.在解题过程中也可以将事件"$Z \leqslant z$"分解为$\{Z \leqslant z, Y=0\} \bigcup \{Z \leqslant z, Y=1\}$,即有
> $$F_Z(z) = P\{Z \leqslant z\} = P\{XY \leqslant z\}$$
> $$= P\{Z \leqslant z, Y=0\} + P\{Z \leqslant z, Y=1\}$$
> 然后不难求出$F_Z(z)$.

真题 23 (16年,11分) 设二维随机变量(X,Y)在区域$D = \{(x,y) \mid 0 < x < 1, x^2 < y < \sqrt{x}\}$上服从均匀分布,令$U = \begin{cases} 1, & X \leqslant Y \\ 0, & X > Y \end{cases}$.

(1) 写出(X,Y)的概率密度;

(2) 问U与X是否相互独立,并说明理由;

(3) 求$Z = U + X$的分布函数$F(z)$.

【分析】(1) 利用均匀分布的概率密度公式求$f(x,y)$,只需要利用定积分计算区域D的面积.

(2) 先判断U与X不独立,再通过对U与X取特殊值验证两者不独立.

(3) 求$Z = U + X$的分布函数,其中U为离散型,X为连续型,则需要用全概率公式,但是需要注意U与X是不独立的.

【详解】(1) 区域D的面积$S(D) = \int_0^1 (\sqrt{x} - x^2) = \frac{1}{3}$,因为$f(x,y)$服从区域$D$上的均匀分布,所以
$$f(x,y) = \begin{cases} 3, & x^2 < y < \sqrt{x} \\ 0, & \text{其他} \end{cases}$$

(2) X与U不独立,因为
$$P\left\{U \leqslant \frac{1}{2}, X \leqslant \frac{1}{2}\right\} = P\left\{U=0, X \leqslant \frac{1}{2}\right\} = P\left\{X > Y, X \leqslant \frac{1}{2}\right\} = 3\int_0^{\frac{1}{2}} dx \int_{x^2}^x dy = \frac{1}{4}$$

$$P\left\{U \leqslant \frac{1}{2}\right\} = P\{U=0\} = P\{X > Y\} = 3\int_0^1 dx \int_{x^2}^x dy = \frac{1}{2}$$

$$P\left\{X \leqslant \frac{1}{2}\right\} = 3\int_0^{\frac{1}{2}} dx \int_{x^2}^{\sqrt{x}} dy = \frac{\sqrt{2}}{2} - \frac{1}{8}$$

所以
$$P\left\{U \leqslant \frac{1}{2}, X \leqslant \frac{1}{2}\right\} \neq P\left\{U \leqslant \frac{1}{2}\right\} P\left\{X \leqslant \frac{1}{2}\right\}$$

故X与U不独立.

(3) $F(z) = P\{U+X \leqslant z\} = P\{U+X \leqslant z | U=0\}P\{U=0\} + P\{U+X \leqslant z | U=1\}P\{U=1\}$

$= \dfrac{P\{U+X \leqslant z, U=0\}}{P\{U=0\}} \cdot P\{U=0\} + \dfrac{P\{U+X \leqslant z, U=1\}}{P\{U=1\}} \cdot P\{U=1\}$

$= P\{X \leqslant z, X > Y\} + P\{1+X \leqslant z, X \leqslant Y\}$

又

$$P\{X \leqslant z, X > Y\} = \begin{cases} 0, & z < 0 \\ \dfrac{3}{2}z^2 - z^3, & 0 \leqslant z < 1 \\ \dfrac{1}{2}, & z \geqslant 1 \end{cases}$$

$$P\{X+1 \leqslant z, X \leqslant Y\} = \begin{cases} 0, & z < 1 \\ 2(z-1)^{\frac{3}{2}} - \dfrac{3}{2}(z-1)^2 & 1 \leqslant z < 2 \\ \dfrac{1}{2}, & z \geqslant 2 \end{cases}$$

所以

$$F(z) = \begin{cases} 0, & z < 0 \\ \dfrac{3}{2}z^2 - z^3, & 0 \leqslant z < 1 \\ \dfrac{1}{2} + 2(z-1)^{\frac{3}{2}} - \dfrac{3}{2}(z-1)^2, & 1 \leqslant z < 2 \\ 1, & z \geqslant 2 \end{cases}$$

名师评注

(1) 考查二维均匀分布的概率密度的求法,关键是求区域 D 的面积.

(2) 考查两个随机变量之间的独立性. 要判断 X 与 U 的独立性,本来需求得 (X,U) 的联合分布函数 $F(x,u) = P\{X \leqslant x, U \leqslant u\}$(或联合概率密度函数 $f(x,u)$),还需求得 X 与 U 的边缘分布函数 $F_X(x) = P\{X \leqslant x\}$ 与 $F_U(u) = P\{U \leqslant u\}$(或边缘概率密度函数),然后再判断 $P\{X \leqslant x, U \leqslant u\} = P\{X \leqslant x\}P\{U \leqslant u\}$ 是否成立,但是很繁琐. 本解的一个特点是先"直观判断"出 X 与 U 是不独立的(从 U 的定义式上看出 X 与 U 是不独立的),然后找个特殊的 u, x 进行检验 $P\{X \leqslant x, U \leqslant u\} = P\{X \leqslant x\}P\{U \leqslant u\}$ 不成立即可.

(3) 求 $Z = U+X$ 的分布函数,即离散型随机变量与连续型随机变量求和,肯定用全概率公式,只不过此时 X 与 U 是不独立的,这就增加了计算的难度,还需要用条件概率公式进行计算.

真题 24 (17 年,11 分) 设随机变量 X, Y 相互独立,且 X 的概率分布为 $P\{X=0\} = P\{X=2\} = \dfrac{1}{2}$, Y 的概率密度为 $f_Y(y) = \begin{cases} 2y, & 0 < y < 1 \\ 0, & \text{其他} \end{cases}$. 求:

(1)$P\{Y \leqslant EY\}$；

(2)$Z = X + Y$ 的概率密度.

【分析】(1) 根据 Y 的概率密度计算出数学期望 EY，再计算概率 $P\{Y \leqslant EY\}$.

(2) 要求 Z 的概率密度，先利用定义求 Z 的分布函数，而由于 X 是离散型随机变量，Y 是连续型随机变量，则在求 Z 的分布函数时需要用全概率公式，其中事件$\{X=0\}$ 和事件$\{X=2\}$ 构成了完备事件组.

【详解】(1) 根据连续性随机变量数学期望的定义可知

$$EY = \int_{-\infty}^{+\infty} y \cdot f_Y(y) \, dy = \int_0^1 y \cdot 2y \, dy = \frac{2}{3} y^2 \bigg|_0^1 = \frac{2}{3}$$

则

$$P\{Y \leqslant EY\} = P\left\{Y \leqslant \frac{2}{3}\right\} = \int_0^{\frac{2}{3}} 2y \, dy = y^2 \bigg|_0^{\frac{2}{3}} = \frac{4}{9}$$

(2) 先求 $Z = X + Y$ 的分布函数 $F_Z(z)$，由分布函数的定义可知

$$F_Z(z) = P\{Z \leqslant z\} = P\{X + Y \leqslant z\}$$

由于 X 为离散型随机变量且注意到 X 和 Y 是相互独立的，则由全概率公式可得

$$\begin{aligned}
F_Z(z) &= P\{X + Y \leqslant z\} \\
&= P\{X = 0\} P\{X + Y \leqslant z | X = 0\} + P\{X = 2\} P\{X + Y \leqslant z | X = 2\} \\
&= P\{X + Y \leqslant z, X = 0\} + P\{X + Y \leqslant z, X = 2\} \\
&= P\{Y \leqslant z\} P\{X = 0\} + P\{2 + Y \leqslant z\} P\{X = 2\} \\
&= \frac{1}{2} P\{Y \leqslant z\} + \frac{1}{2} P\{Y \leqslant z - 2\}
\end{aligned}$$

当 $z < 0$ 时，$F_Z(z) = 0$.

当 $0 \leqslant z < 1$ 时，

$$F_Z(z) = \frac{1}{2} P\{Y \leqslant z\} = \frac{1}{2} \int_0^z 2y \, dy = \frac{z^2}{2}$$

当 $1 \leqslant z < 2$ 时，

$$F_Z(z) = \frac{1}{2} P\{Y \leqslant z\} = \frac{1}{2} P\{Y \leqslant 1\} = \frac{1}{2}$$

当 $2 \leqslant z < 3$ 时，

$$\begin{aligned}
F_Z(z) &= \frac{1}{2} P\{Y \leqslant z\} + \frac{1}{2} P\{Y \leqslant z - 2\} \\
&= \frac{1}{2} P\{Y \leqslant 1\} + \frac{1}{2} P\{Y \leqslant z - 2\} \\
&= \frac{1}{2} + \frac{1}{2} \int_0^{z-2} 2y \, dy = \frac{1}{2} + \frac{1}{2} (z-2)^2
\end{aligned}$$

当 $z \geqslant 3$ 时,
$$F_Z(z) = \frac{1}{2}P\{Y \leqslant 1\} + \frac{1}{2}P\{Y \leqslant 1\} = 1$$

综上可得
$$F_Z(z) = \begin{cases} 0, & z < 0 \\ \dfrac{z^2}{2}, & 0 \leqslant z < 1 \\ \dfrac{1}{2}, & 1 \leqslant z < 2 \\ \dfrac{1}{2} + \dfrac{1}{2}(z-2)^2, & 2 \leqslant z < 3 \\ 1, & z \geqslant 3 \end{cases}$$

所以
$$f_Z(z) = F_Z'(z) = \begin{cases} z, & 0 < z < 1 \\ z-2, & 2 < z < 3 \\ 0, & 其他 \end{cases}$$

名师评注

本题主要考查数学期望的求解、概率的计算以及二维随机变量函数的分布. 一般地, 如果 $Z = X + Y$, 其中 X 是离散型随机变量, Y 是连续型随机变量, 而 X 与 Y 相互独立, 常常采用全概率公式求 $F_Z(z)$. 当然也可以采用如下的写法:

$$F_Z(z) = P\{X+Y \leqslant z\} = P\{X+Y \leqslant z, X=0\} + P\{X+Y \leqslant z, X=2\}$$
$$= P\{Y \leqslant z, X=0\} + P\{Y \leqslant z-2, X=2\}$$
$$= P\{Y \leqslant z\}P\{X=0\} + P\{2+Y \leqslant z\}P\{X=2\}$$
$$= \frac{1}{2}P\{Y \leqslant z\} + \frac{1}{2}P\{Y \leqslant z-2\}$$

这种写法实际上也可以看成全概率公式的一种变形形式.

第四章 随机变量的数字特征

考情分析

考试概况

随机变量的数字特征是概率分布的某种表征,是描述随机变量特征的有效工具,能够集中反映出随机变量取值规律的特点,特别是最重要的几个数字特征:数学期望、方差、协方差和相关系数等都有明确的概率意义,同时又有良好的性质.因此数字特征的概念在概率论与数理统计中具有很重要的地位,同样在历年考研真题中出现的频率也相当高,本章是考生复习的一个重点章节.考研大纲中规定了以下考试内容:

(1) 理解随机变量数字特征(数学期望、方差、标准差、矩、协方差、相关系数)的概念,会运用数字特征的基本性质,并掌握常用分布的数字特征.

(2) 会求随机变量函数的数学期望.

命题分析

本章是历年考研命题的一个重点章节,以选择题、填空题和解答题的形式出现.求随机变量的数字特征归根结底是求随机变量及其函数的数学期望问题,因此数学期望是其它数字特征的基础,考生需重点复习.

本章的试题除了求一些给定随机变量的数学期望之外,绝大部分与一维随机变量及其分布和二维随机变量及其分布有关,并且往往会将数字特征和随机变量及其函数的分布结合起来考查,尤其是解答题更是如此.因此需要牢记常用分布的参数和它们的概率意义.

趋势预测

根据历年考研真题的命题规律,2018年考研本章还是命题的重点章节.其中随机变量及其函数的数学期望是重中之重,因为其它几个数字特征都是建立在数学期望的基础之上的.除此之外,考生需要特别注意随机变量的独立性和不相关的关系,并且要求考生熟悉不相关的几个等价说法、常见分布的数学期望和方差的灵活运用以及相关系数的性质.

复习建议

通过研究历年考研真题的特点,考生应该从下面几个方面进行复习:

(1) 理解几个数字特征的概念以及熟记数字特征的计算公式.

(2) 掌握数字特征的性质,并会应用公式和性质计算随机变量及其函数的数字特征.

(3) 理解随机变量的独立性和不相关的关系,尤其是在二维正态分布下两者的关系.

(4) 熟记常见分布的数学期望和方差.

考点清单

1. 数学期望与方差的计算　　　　　　　　　　　　　　31 年 22 考
2. 协方差与相关系数的计算　　　　　　　　　　　　　31 年 8 考
3. 随机变量的独立与不相关　　　　　　　　　　　　　31 年 7 考

真题全解

一、数学期望与方差的计算(31 年 22 考)

1. 知识要点

(1) 数学期望：

1) 离散型：设离散型随机变量 X 的概率分布为 $P\{X=x_i\}=p_i, i=1,2,\cdots$ 若级数 $\sum\limits_{i=1}^{\infty}x_i p_i$ 绝对收敛,则称 $\sum\limits_{i=1}^{\infty}x_i p_i$ 为离散型随机变量 X 的数学期望,简称期望或均值. 记为 EX,即 $EX=\sum\limits_{i=1}^{\infty}x_i p_i$.

2) 连续型：设连续型随机变量 X 的概率密度为 $f(x)$,若积分 $\int_{-\infty}^{+\infty}xf(x)\mathrm{d}x$ 绝对收敛,则称积分 $\int_{-\infty}^{+\infty}xf(x)\mathrm{d}x$ 的值为连续型随机变量 X 的数学期望,记为 EX,即 $EX=\int_{-\infty}^{+\infty}xf(x)\mathrm{d}x$.

(2) 方差：

设 X 是一个随机变量,若 $E(X-EX)^2$ 存在,则称 $E(X-EX)^2$ 为 X 的方差,记为 DX,即 $DX=E(X-EX)^2$,称 $\sqrt{DX}$ 为 X 的标准差或均方差.

在计算方差时,常用公式 $DX=E(X^2)-(EX)^2$.

2. 解题思路

求随机变量期望和方差的常用方法：

(1) 对于分布律或概率密度已知的情形,直接可以按照定义计算,对由试验给出的随机变量,先求分布,再按照定义计算.

(2) 利用数学期望和方差的性质以及常见分布的数学期望和方差进行计算.

(3) 对较复杂的随机变量,将其分解为简单随机变量进行计算.

真题1（87年,2分）已知连续随机变量 X 的概率密度函数为 $f(x)=\dfrac{1}{\sqrt{\pi}}e^{-x^2+2x-1}$,则 X 的数学期望为_____, X 的方差为_____.

【分析】将 X 概率密度函数 $f(x)$ 构造成正态分布的概率密度函数形式,即可得 X 的数学期望和方差.

【详解】应填 $1,\dfrac{1}{2}$.

因为 $f(x)=\dfrac{1}{\sqrt{\pi}}e^{-x^2+2x-1}=\dfrac{1}{\sqrt{2\pi}\cdot\dfrac{1}{\sqrt{2}}}e^{-\dfrac{(x-1)^2}{2\cdot\left(\dfrac{1}{\sqrt{2}}\right)^2}},x\in\mathbf{R}$,所以 $X\sim N(1,\dfrac{1}{2})$. 故 X 的数学期望为 $EX=1$,方差为 $DX=\dfrac{1}{2}$.

【名师评注】
本题主要考查正态分布的密度函数、数学期望和方差.

真题2（90年,2分）已知离散型随机变量 X 服从参数为2的泊松分布,则随机变量 $Z=3X-2$ 的数学期望 $EZ=$ _____.

【分析】泊松分布的数学期望就是其参数的值,然后利用数学期望的性质即可得 EZ.

【详解】应填4.

因为离散型随机变量 X 服从参数为2的泊松分布,所以 $EX=2$. 故随机变量 $Z=3X-2$ 的数学期望为

$$EZ=E(3X-2)=3EX-2=4$$

【名师评注】
本题考查数学期望的性质和泊松分布的期望.

真题3（90年,6分）设二维随机变量 (X,Y) 在区域 $D:0<x<1,|y|<x$ 内服从均匀分布,求关于 X 的边缘概率密度函数及随机变量 $Z=2X+1$ 的方差 DZ.

【分析】由 (X,Y) 在区域 D 上服从均匀分布,可得 (X,Y) 的联合概率密度函数,利用公式 $f_X(x)=\int_{-\infty}^{+\infty}f(x,y)dy$ 计算 X 的边缘概率密度函数;然后再计算 X 的方差,可得 Z 的方差.

【详解】 (X,Y) 的联合概率密度函数为 $f(x,y)=\begin{cases}1, & 0<x<1,|y|<x\\ 0, & \text{其他}\end{cases}$.

所以 X 的边缘概率密度函数为

$$f_X(x)=\int_{-\infty}^{+\infty}f(x,y)\mathrm{d}y=\begin{cases}\int_{-x}^{x}1\mathrm{d}y, & 0<x<1\\ 0, & \text{其他}\end{cases}$$

即
$$f_X(x) = \begin{cases} 2x, & 0 < x < 1 \\ 0, & \text{其它} \end{cases}$$

又
$$EX = \int_{-\infty}^{+\infty} x f_X(x) \mathrm{d}x = \int_0^1 x \cdot 2x \mathrm{d}x = \frac{2}{3}$$

$$EX^2 = \int_{-\infty}^{+\infty} x^2 f_X(x) \mathrm{d}x = \int_0^1 x^2 \cdot 2x \mathrm{d}x = \frac{1}{2}, DX = EX^2 - (EX)^2 = \frac{1}{18}$$

故随机变量 $Z = 2X + 1$ 的方差为
$$DZ = D(2X+1) = 4DX = \frac{2}{9}$$

名师详注

本题主要考查边缘概率密度函数的计算和方差的性质、计算. 此外, 在计算 X 的数学期望时也可以用公式 $EX = \int_{-\infty}^{+\infty}\int_{-\infty}^{+\infty} f(x,y) \mathrm{d}x\mathrm{d}y$, 只不过前面已经计算出了边缘概率密度函数 $f_X(x)$, 用 $EX = \int_{-\infty}^{+\infty} x f_X(x) \mathrm{d}x$ 计算更简洁方便.

真题 4 (92 年, 3 分) 设随机变量 X 服从参数为 1 的指数分布, 则数学期望 $E(X + \mathrm{e}^{-2X}) = $ _____.

【分析】先写出 X 的概率密度函数, 然后利用期望的公式进行计算即可.

【详解】应填 $\frac{4}{3}$.

由题意, X 的概率密度为 $f(x) = \begin{cases} \mathrm{e}^{-x}, & x > 0 \\ 0, & x \leq 0 \end{cases}$, 且 $EX = 1$.

则
$$E(\mathrm{e}^{-2X}) = \int_{-\infty}^{+\infty} \mathrm{e}^{-2x} f(x) \mathrm{d}x = \int_0^{+\infty} \mathrm{e}^{-2x} \cdot \mathrm{e}^{-x} \mathrm{d}x = \frac{1}{3}$$

于是
$$E(X + \mathrm{e}^{-2X}) = EX + E(\mathrm{e}^{-2X}) = 1 + \frac{1}{3} = \frac{4}{3}$$

名师详注

本题主要考查指数分布的概率密度函数、期望的性质与计算.

真题 5 (95 年, 3 分) 设 X 表示 10 次独立重复射击命中目标的次数, 每次射中目标的概率为 0.4, 则 X^2 的数学期望 $EX^2 = $ _____.

【分析】"10 次独立重复射击" 可以看成一个 n 重伯努利试验 ($n = 10$), 则随机变量 X 服从二项分布, 即 $X \sim B(10, 0.4)$, 根据二项分布的数学期望和方差可以计算 EX^2.

【详解】应填 18.4.

由题意, $X \sim B(10, 0.4)$,

则 $$EX = 10 \times 0.4 = 4, DX = 10 \times 0.4 \times 0.6 = 2.4$$
故 $$EX^2 = DX + (EX)^2 = 18.4$$

【名师评注】
本题考查二项分布的数学期望和方差. 本题的关键是要通过题意能够得知 X 服从二项分布, 而 $EX^2 = DX + (EX)^2$ 是由 $DX = EX^2 - (EX)^2$ 得来, 在处理常见分布的 EX^2 时经常用到.

真题6（96年，3分）设 ξ, η 是两个相互独立且均服从正态分布 $N\left(0, \left(\frac{1}{\sqrt{2}}\right)^2\right)$ 的随机变量, 则随机变量 $|\xi - \eta|$ 的数学期望 $E(|\xi - \eta|) = $ _____.

【分析】由 ξ, η 相互独立且均服从正态分布 $N\left(0, \left(\frac{1}{\sqrt{2}}\right)^2\right)$ 得, $Z = \xi - \eta$ 也服从正态分布, 可以得到其概率密度函数, 然后可以计算出数学期望 $E(|\xi - \eta|)$.

【详解】应填 $\sqrt{\frac{2}{\pi}}$.

令 $Z = \xi - \eta$. 由于随机变量 ξ, η 相互独立且均服从正态分布 $N\left(0, \left(\frac{1}{\sqrt{2}}\right)^2\right)$, 故 $Z \sim N(0, 1)$.

则 $$E(|\xi - \eta|) = E(|Z|) = \int_{-\infty}^{+\infty} |z| \frac{1}{\sqrt{2\pi}} e^{-\frac{z^2}{2}} dz = \frac{2}{\sqrt{2\pi}} \int_0^{+\infty} z e^{-\frac{z^2}{2}} dz = \sqrt{\frac{2}{\pi}}$$

【名师评注】
本题主要考查正态分布函数的数学期望. 在解题过程中用到了常用结论：若随机变量 X 和 Y 都服从一维正态分布, 且 X 和 Y 相互独立, 则 $aX + bY$（a, b 不全为零）也服从一维正态分布. 如果 X 和 Y 不独立, 则 $aX + bY$（a, b 不全为零）不一定服从一维正态分布.

真题7（96年，6分）设 ξ, η 是两个相互独立且服从同一分布的随机变量, 已知 ξ 的分布律为 $P\{\xi = i\} = \frac{1}{3}, i = 1, 2, 3$. 又设 $X = \max(\xi, \eta), Y = \min(\xi, \eta)$.

(1) 写出二维随机变量 (X, Y) 的分布律;
(2) 求随机变量 X 的数学期望 EX.

【分析】通过 ξ, η 的边缘分布律以及独立性可以得到 (ξ, η) 的联合分布律
$$P\{\xi = i, \eta = j\} = P\{\xi = i\} P\{\eta = j\} = \frac{1}{3} \cdot \frac{1}{3} = \frac{1}{9}, i, j = 1, 2, 3$$
然后列表可以得出 (X, Y) 的联合分布律, 再计算 X 的数学期望.

【详解】（1）由题意可得：

(ξ,η)	(1,1)	(1,2)	(1,3)	(2,1)	(2,2)	(2,3)	(3,1)	(3,2)	(3,3)
X	1	2	3	2	2	3	3	3	3
Y	1	1	1	1	2	2	1	2	3
p	$\frac{1}{9}$	$\frac{1}{9}$	$\frac{1}{9}$	$\frac{1}{9}$	$\frac{1}{9}$	$\frac{1}{9}$	$\frac{1}{9}$	$\frac{1}{9}$	$\frac{1}{9}$

二维随机变量(X,Y)的分布律为

X \ Y	1	2	3
1	$\frac{1}{9}$	0	0
2	$\frac{2}{9}$	$\frac{1}{9}$	0
3	$\frac{2}{9}$	$\frac{2}{9}$	$\frac{1}{9}$

（2）随机变量X的分布律为

X	1	2	3
p	$\frac{1}{9}$	$\frac{1}{3}$	$\frac{5}{9}$

$$EX = 1\times\frac{1}{9} + 2\times\frac{1}{3} + 3\times\frac{5}{9} = \frac{22}{9}$$

名师评注

本题主要考查二维离散型随机变量的联合分布律、边缘分布律、随机变量函数的分布律以及独立性.

真题 8（97 年，3 分）设两个相互独立的随机变量X和Y的方差分别为 4 和 2，则随机变量$3X-2Y$的方差是（ ）．

(A)8　　　　　(B)16　　　　　(C)28　　　　　(D)44

【分析】 利用方差的性质计算即可．

【详解】 应选(D)．

由$DX=4, DY=2$，且X和Y相互独立，则$D(3X-2Y)=9DX+4DY=44$．

名师评注

本题考查方差的性质与计算．

真题 9（97 年，7 分）从学校乘汽车到火车站的途中有 3 个交通岗，假设在各个交通岗遇到红灯的事件是相互独立的，并且概率都是$\frac{2}{5}$，设X为途中遇到红灯的次数，求随机变量X的分布律,分布函数和数学期望.

【分析】由题意可得 X 服从二项分布,根据二项分布的随机变量的数学期望和方差的公式计算.

【详解】随机变量 $X \sim B(3, \frac{2}{5})$.

$$P\{X=k\} = C_3^k \left(\frac{2}{5}\right)^k \left(1-\frac{2}{5}\right)^{3-k}, k=0,1,2,3$$

则 X 的分布律为

X	0	1	2	3
p	$\frac{27}{125}$	$\frac{54}{125}$	$\frac{36}{125}$	$\frac{8}{125}$

X 的分布函数为

$$F(x) = P\{X \leqslant x\} = \begin{cases} 0, & x < 0 \\ \frac{27}{125}, & 0 \leqslant x < 1 \\ \frac{81}{125}, & 1 \leqslant x < 2 \\ \frac{117}{125}, & 2 \leqslant x < 3 \\ 1, & x \geqslant 3 \end{cases}$$

X 的数学期望为

$$EX = 3 \times \frac{2}{5} = \frac{6}{5}$$

名师详注

本题考查二项分布的分布律、分布函数和数学期望."从学校乘汽车到火车站的途中有 3 个交通岗,假设在各个交通岗遇到红灯的事件是相互独立的",相当于做了 3 次独立重复试验,且每次事件发生(遇到红灯)的概率都是 $\frac{2}{5}$,因此可得 X 服从二项分布.

真题 10(98 年,6 分)设两个随机变量 X,Y 相互独立,且都服从均值为 0,方差为 $\frac{1}{2}$ 的正态分布,求随机变量 $|X-Y|$ 的方差.

【分析】由 X,Y 相互独立及正态分布的性质知 $Z=X-Y$ 也服从正态分布,然后根据正态分布的数学期望与方差求解.

【详解】令 $Z=X-Y$. 由于随机变量 X,Y 相互独立,且都服从均值为 0,方差为 $\frac{1}{2}$ 的正态分布,故 $Z \sim N(0,1)$.

因为 $D(|X-Y|) = D(|Z|) = E(|Z|^2) - [E(|Z|)]^2 = E(Z^2) - [E(|Z|)]^2$,

而
$$E(Z^2) = DZ + (EZ)^2 = 1 + 0 = 1$$
$$E(|Z|) = \int_{-\infty}^{+\infty} |z| \frac{1}{\sqrt{2\pi}} e^{-\frac{z^2}{2}} dz = \frac{2}{\sqrt{2\pi}} \int_0^{+\infty} z e^{-\frac{z^2}{2}} dz = \frac{2}{\sqrt{2\pi}}$$

所以
$$D(|X-Y|) = 1 - \frac{2}{\pi}$$

名师评注 本题考查正态分布的性质以及数学期望的计算.

真题 11 (00 年,8 分) 某流水生产线上每个产品不合格的概率为 $p(0<p<1)$,各产品合格与否相互独立,当出现一个不合格产品时即停机检修. 设开机后第一次停机时已生产了的产品个数为 X,求 X 的数学期望 EX 和方差 DX.

【分析】 显然 X 是一个离散型随机变量,所有可能取值为 $1,2,3,\cdots$ 现在关键在于确定 X 的分布律.生产线上的每个产品可以理解成一个试验,各个产品合格与否相互独立,可以看成各次试验相互独立,生产了 X 个产品停机,也就是说第 X 个产品一定是不合格品,而前 $X-1$ 个产品必为合格品,这样就不难写出分布律了.

【详解】 记 $q = 1-p$,X 的概率分布为 $P\{X=k\} = q^{k-1}p$,$(k=1,2\cdots)$. 由离散型随机变量的数学期望定义得,X 的数学期望为

$$EX = \sum_{k=1}^{\infty} kP\{X=k\} = \sum_{k=1}^{\infty} k q^{k-1} p = p \sum_{k=1}^{\infty} (q^k)' = p \left(\sum_{k=1}^{\infty} q^k \right)' = p \left(\frac{q}{1-q} \right)' = \frac{1}{p}$$

因为
$$EX^2 = \sum_{k=1}^{\infty} k^2 P\{X=k\} = \sum_{k=1}^{\infty} k^2 q^{k-1} p = \sum_{k=1}^{\infty} k(k+1) q^{k-1} p - \sum_{k=1}^{\infty} k q^{k-1} p$$
$$= p \left(\sum_{k=1}^{\infty} q^{k+1} \right)'' - \frac{1}{p} = \frac{2p}{(1-q)^3} - \frac{1}{p} = \frac{2-p}{p^2}$$

所以 X 的方差为
$$DX = EX^2 - (EX)^2 = \frac{2-p}{p^2} - \frac{1}{p^2} = \frac{1-p}{p^2}$$

名师评注 本题考查离散型随机变量的分布律的计算和数学期望、方差的计算.其实随机变量 X 服从"几何分布",但是请勿与之前的二项分布混淆.数学期望和方差的计算用到了幂级数的逐项求导、逐项积分的性质求和.

真题 12 (02 年,7 分) 设随机变量 X 的概率密度为 $f(x) = \begin{cases} \frac{1}{2} \cos \frac{x}{2}, & 0 \leqslant x \leqslant \pi \\ 0, & \text{其他} \end{cases}$,对 X 独立地重复观察 4 次,用 Y 表示观察值大于 $\frac{\pi}{3}$ 的次数,求 Y^2 的数学期望.

【分析】 如果将观察值大于 $\frac{\pi}{3}$ 这个事件理解为试验成功,则 Y 表示对 X 独立地重复试验 4

次中的成功次数,则 $Y \sim B(4,p)$,其中 $p = P\left\{X > \dfrac{\pi}{3}\right\}$.

【详解】由于 $p = P\left\{X > \dfrac{\pi}{3}\right\} = \int_{\frac{\pi}{3}}^{+\infty} f(x)\mathrm{d}x = \int_{\frac{\pi}{3}}^{\pi} \dfrac{1}{2}\cos\dfrac{x}{2}\mathrm{d}x = \dfrac{1}{2}$,所以 $Y \sim B\left(4, \dfrac{1}{2}\right)$.

又 $$EY = 4 \times \dfrac{1}{2} = 2, DY = 4 \times \dfrac{1}{2} \times \left(1 - \dfrac{1}{2}\right) = 1$$

故 $$EY^2 = DY + (EY)^2 = 1 + 2^2 = 5$$

> **名师详注**
>
> 本题考查二项分布的数学期望和方差的计算.二项分布是常考的一个内容,这类问题的关键是要根据题意建立二项分布的模型,然后套公式计算.

真题 13(03 年,10 分)已知甲、乙两箱中装有同种产品,其中甲箱中装有 3 件合格品和 3 件次品,乙箱中仅装有 3 件合格品. 从甲箱中任取 3 件产品放入乙箱后,求:

(1) 乙箱中次品件数 X 的数学期望;

(2) 从乙箱中任取一件产品是次品的概率.

【分析】乙箱中可能的次品件数为 $0,1,2,3$,分别求出其概率,再按定义求数学期望即可;而求从乙箱中任取一件产品是次品的概率,涉及到两次试验,是典型的用全概率公式的情形,第一次试验的各种可能结果(取到的次品数)就是要找的完备事件组.

【详解】(1) **方法一**:乙箱中的次品件数 X 实际是来自于甲箱,X 的可能取值为 $0,1,2,3$,X 的概率分布为

$$P\{X = k\} = \dfrac{C_3^k C_3^{3-k}}{C_6^3}, k = 0,1,2,3$$

则

X	0	1	2	3
p	$\dfrac{1}{20}$	$\dfrac{9}{20}$	$\dfrac{9}{20}$	$\dfrac{1}{20}$

故 $$EX = 0 \times \dfrac{1}{20} + 1 \times \dfrac{9}{20} + 2 \times \dfrac{9}{20} + 3 \times \dfrac{1}{20} = \dfrac{3}{2}$$

方法二:本题对数学期望的计算也可用分解法.

设 $X_i = \begin{cases} 0, \text{从甲箱中取出的第 } i \text{ 件产品是合格品} \\ 1, \text{从甲箱中取出的第 } i \text{ 件产品是次品} \end{cases}$ $i = 1,2,3$.则 X_i 的概率分布为

X_i	0	1
p	$\dfrac{1}{2}$	$\dfrac{1}{2}$

因为 $X = X_1 + X_2 + X_3$,所以由数学期望的线性可加性,有

$$EX = EX_1 + EX_2 + EX_3 = \frac{3}{2}$$

(2) 设 A 表示事件"从乙箱中任取一件产品是次品",根据全概率公式,有

$$P(A) = \sum_{k=0}^{3} P\{X=k\} P\{A \mid X=k\} = \frac{1}{20} \times 0 + \frac{9}{20} \times \frac{1}{6} + \frac{9}{20} \times \frac{2}{6} + \frac{1}{20} \times \frac{3}{6} = \frac{1}{4}$$

【名师评注】

本题主要考查离散型随机变量求分布律和数学期望,也考查了全概率公式的应用.本题中"从甲箱中取出 3 件产品是不放回的",因此各次取出的产品各事件间没有独立性,不是伯努利试验或者二项分布.

真题 14 (04年,4分) 设随机变量 X 服从参数为 λ 的指数分布,则 $P\{X > \sqrt{DX}\} = $ _____.

【分析】 熟记指数分布的数学期望和方差的公式,然后再利用积分计算出结果.

【详解】 应填 $\frac{1}{e}$.

指数分布的概率密度为 $f(x) = \begin{cases} \lambda e^{-\lambda x}, & x > 0 \\ 0, & x \leq 0 \end{cases}$,其方差 $DX = \frac{1}{\lambda^2}$.

$$P\{X > \sqrt{DX}\} = P\left\{X > \frac{1}{\lambda}\right\} = \int_{\frac{1}{\lambda}}^{+\infty} \lambda e^{-\lambda x} dx = -e^{-\lambda x} \Big|_{\frac{1}{\lambda}}^{+\infty} = \frac{1}{e}$$

【名师评注】

本题主要考查指数分布的概率密度、方差以及概率的计算.指数分布是要求考生掌握的几个特殊的分布之一,要熟记其概率密度、数学期望和方差,还需尽可能记住其分布函数.

真题 15 (08年,4分) 设随机变量 X 服从参数为 1 的泊松分布,则 $P\{X = EX^2\} = $ _____.

【分析】 $X \sim P(\lambda)$,则有 $P\{X=k\} = \frac{\lambda^k}{k!} e^{-\lambda}$, $k = 0, 1, 2, \cdots$ 且 $EX = DX = \lambda$,现将 $\lambda = 1$ 直接代入计算即可.

【详解】 应填 $\frac{1}{2} e^{-1}$.

由于 $EX^2 = DX + (EX)^2 = 1 + 1^2 = 2$,所以 $P\{X = 2\} = \frac{1^2}{2!} e^{-1} = \frac{1}{2} e^{-1}$.

【名师评注】

本题主要考查泊松分布及其数学期望和方差.指数分布是要求考生掌握的几个特殊的分布之一,要熟记其分布律、数学期望和方差.

真题 16 (09 年,4 分) 设随机变量 X 的分布函数为 $F(x)=0.3\Phi(x)+0.7\Phi\left(\dfrac{x-1}{2}\right)$,其中 $\Phi(x)$ 为标准正态分布的分布函数,则 $EX=($ $)$.

(A) 0   (B) 0.3   (C) 0.7   (D) 1

【分析】 给出分布函数 $F(x)$,不难得出密度函数 $f(x)=F'(x)$,然后用 $EX=\int_{-\infty}^{+\infty}xf(x)\mathrm{d}x$ 计算即可.

【详解】 应选(C).

因为 $F(x)=0.3\Phi(x)+0.7\Phi\left(\dfrac{x-1}{2}\right)$,所以

$$f(x)=F'(x)=0.3\Phi'(x)+\dfrac{0.7}{2}\Phi'\left(\dfrac{x-1}{2}\right)=0.3\varphi(x)+0.35\varphi\left(\dfrac{x-1}{2}\right)$$

因此

$$EX=\int_{-\infty}^{+\infty}xf(x)\mathrm{d}x=\int_{-\infty}^{+\infty}x\left[0.3\varphi(x)+0.35\varphi\left(\dfrac{x-1}{2}\right)\right]\mathrm{d}x$$

$$=0.3\int_{-\infty}^{+\infty}x\varphi(x)\mathrm{d}x+0.35\int_{-\infty}^{+\infty}x\varphi\left(\dfrac{x-1}{2}\right)\mathrm{d}x$$

由于 $\varphi(x)$ 为标准正态分布的密度函数(偶函数),所以

$$\int_{-\infty}^{+\infty}x\varphi(x)\mathrm{d}x=0$$

$$\int_{-\infty}^{+\infty}x\varphi\left(\dfrac{x-1}{2}\right)\mathrm{d}x\xlongequal{\frac{x-1}{2}=u}2\int_{-\infty}^{+\infty}(2u+1)\varphi(u)\mathrm{d}u$$

$$=2\int_{-\infty}^{+\infty}2u\varphi(u)\mathrm{d}u+2\int_{-\infty}^{+\infty}\varphi(u)\mathrm{d}u=2$$

可得 $EX=0.3\int_{-\infty}^{+\infty}x\varphi(x)\mathrm{d}x+0.35\int_{-\infty}^{+\infty}x\varphi\left(\dfrac{x-1}{2}\right)\mathrm{d}x=0+0.35\times 2=0.7$

名师评注

本题主要考查正态分布的性质以及随机变量数学期望的计算.正态分布是概率论中最重要的分布,考生务必熟悉,而"$\int_{-\infty}^{+\infty}x\varphi(x)\mathrm{d}x=0$"可由"若被积函数为奇函数,积分区间对称(包含无穷区间),积分收敛,则此积分等于 0"得到,而"$\int_{-\infty}^{+\infty}\varphi(u)\mathrm{d}u=1$"更是概率密度的基本性质.在计算积分"$\int_{-\infty}^{+\infty}x\varphi\left(\dfrac{x-1}{2}\right)\mathrm{d}x$"过程中应用了常见的积分换元法.

真题 17 (10 年,4 分) 设随机变量 X 的概率分布为 $P\{X=k\}=\dfrac{C}{k!}$, $k=0,1,2,\cdots$ 则 $EX^2=$ _____.

【分析】 由公式 $EX^2=DX+(EX)^2$ 计算,所以应该求 X 的数学期望与方差,而 X 的概率分

布 $P\{X=k\}=\dfrac{C}{k!}, k=0,1,2,\cdots$ 中的 C 是一个待定常数，不难看出这是一个泊松分布.

【详解】应填 2.

利用离散型随机变量概率分布的性质，知

$$1=\sum_{k=0}^{\infty}P\{X=k\}=\sum_{k=0}^{\infty}\dfrac{C}{k!}=Ce, 整理得到 C=\mathrm{e}^{-1}, 即$$

$$P\{X=k\}=\dfrac{\mathrm{e}^{-1}}{k!}=\dfrac{1^k}{k!}\mathrm{e}^{-1}$$

故 X 服从参数为 1 的泊松分布，则 $EX=1, DX=1$，所以

$$EX^2=DX+(EX)^2=1+1^2=2$$

【名师评注】

本题主要考查随机变量的数学期望、方差，泊松分布的数学期望和方差.其中用到了 $\sum_{k=0}^{\infty}\dfrac{1}{k!}=\mathrm{e}$，是由泰勒级数 $\sum_{k=0}^{\infty}\dfrac{x^k}{k!}=\mathrm{e}^x$ 得到的.

真题 18（11年,4分）设随机变量 X 与 Y 相互独立，且 EX 与 EY 存在，记 $U=\max\{X,Y\}$，$V=\min\{X,Y\}$，则 $E(UV)=$（　　）.

(A) $EU \cdot EV$　　　　　　　　　(B) $EX \cdot EY$

(C) $EU \cdot EY$　　　　　　　　　(D) $EX \cdot EV$

【分析】根据题意可知"$UV=XY$"，则 $E(UV)=E(XY)$，再由 X 与 Y 相互独立可得结果.

【详解】应选(B).

当 $X \geqslant Y$ 时，$U=X, V=Y, UV=XY$.

当 $X < Y$ 时，$U=Y, V=X, UV=XY$.

由于随机变量 X 与 Y 相互独立，所以

$$E(UV)=E(XY)=EX \cdot EY$$

【名师评注】

本题主要考查二维随机变量相互独立时数学期望的性质.其中"$UV=XY$"是本题的一个主要特点.若要求 EU 或 EV，则可先去求 U 或 V 的分布.此外，本题中并没有用到 U 和 V 的独立性.

真题 19（14年,4分）设连续型随机变量 X_1 与 X_2 相互独立，且方差均存在，X_1 与 X_2 的概率密度分别为 $f_1(x)$ 与 $f_2(x)$，随机变量 Y_1 的概率密度为 $f_{Y_1}(y)=\dfrac{1}{2}[f_1(y)+f_2(y)]$，随机

变量 $Y_2 = \frac{1}{2}(X_1 + X_2)$,则( ).

(A) $EY_1 > EY_2, DY_1 > DY_2$　　　　(B) $EY_1 = EY_2, DY_1 = DY_2$

(C) $EY_1 = EY_2, DY_1 < DY_2$　　　　(D) $EY_1 = EY_2, DY_1 > DY_2$

【分析】 首先利用连续型随机变量的数学期望公式计算 $EY_1 = \frac{1}{2}\int_{-\infty}^{+\infty} y[f_1(y) + f_2(y)]dy$,比较 EY_1 与 EY_2 的关系,再利用方差的数学公式计算 $DY_1 = EY_1^2 - (EY_1)^2$,比较 DY_1 与 DY_2 的关系.

【详解】 应选(D).

$$EY_1 = \frac{1}{2}\int_{-\infty}^{+\infty} y[f_1(y) + f_2(y)]dy = \frac{1}{2}\int_{-\infty}^{+\infty} yf_1(y)dy + \frac{1}{2}\int_{-\infty}^{+\infty} yf_2(y)dy$$

$$= \frac{1}{2}(EX_1 + EX_2) = EY_2$$

$$EY_1^2 = \frac{1}{2}\int_{-\infty}^{+\infty} y^2[f_1(y) + f_2(y)]dy = \frac{1}{2}(EX_1^2 + EX_2^2)$$

$$DY_1 = EY_1^2 - (EY_1)^2 = \frac{1}{2}(EX_1^2 + EX_2^2) - \left[\frac{1}{2}(EX_1 + EX_2)\right]^2$$

$$= \frac{1}{4}(DX_1 + DX_2) + \frac{1}{4}(EX_1^2 + EX_2^2) - \frac{1}{2}EX_1 \cdot EX_2$$

$$= \frac{1}{4}(DX_1 + DX_2) + \frac{1}{4}(EX_1^2 + EX_2^2) - \frac{1}{2}E(X_1 X_2)$$

$$= \frac{1}{4}(DX_1 + DX_2) + \frac{1}{4}E(X_1 - X_2)^2$$

$$\geq \frac{1}{4}(DX_1 + DX_2) = DY_2$$

其中用到了 X_1 与 X_2 相互独立时 $EX_1 \cdot EX_2 = E(X_1 X_2)$.故答案为(D).

名师评注

本题主要考查随机变量的数学期望和方差的计算.解题中有"$\int_{-\infty}^{+\infty} yf_1(y)dy = EX_1$",是由于定积分与积分变量用什么字母表示无关,因此不要误认为这个式子是错误的.

真题20 (14年,11分)设随机变量 X 的概率分布为 $P\{X=1\} = P\{X=2\} = \frac{1}{2}$,在给定 $X=i$ 的条件下,随机变量 Y 服从均匀分布 $U(0,i), i=1,2$.求:

(1) Y 的分布函数 $F_Y(y)$;

(2) EY.

【分析】 (1) X 是离散型随机变量,而 Y 是连续型随机变量,且在区间 $(0,i)$ 上服从均匀分布,因此可以考虑用全概率公式求 Y 的分布函数 $F_Y(y)$,其中事件 $\{X=1\}$ 与 $\{X=2\}$ 构成完备事件组.

(2)通过 Y 的分布函数 $F_Y(y)$,求得其密度函数 $f_Y(y)$,再计算数学期望 EY.

【详解】(1)由全概率公式可得

$$\begin{aligned}F_y(y)&=P\{Y\leqslant y\}\\&=P\{Y\leqslant y|X=1\}P\{X=1\}+P\{Y\leqslant y|X=2\}P\{X=2\}\\&=\frac{1}{2}P\{Y\leqslant y|X=1\}+\frac{1}{2}P\{Y\leqslant y|X=2\}\end{aligned}$$

当 $y<0$ 时,$F_Y(y)=0$.

当 $0\leqslant y<1$ 时,$F_Y(y)=\frac{1}{2}y+\frac{1}{2}\times\frac{1}{2}y=\frac{3}{4}y$.

当 $1\leqslant y<2$ 时,$F_Y(y)=\frac{1}{2}+\frac{1}{2}\times\frac{1}{2}y=\frac{1}{2}+\frac{y}{4}$.

当 $y\geqslant 2$ 时,$F_Y(y)=\frac{1}{2}+\frac{1}{2}=1$.

综上可得

$$F_Y(y)=\begin{cases}0, & y<0\\\frac{3}{4}y, & 0\leqslant y<1\\\frac{1}{2}+\frac{y}{4}, & 1\leqslant y<2\\1, & y\geqslant 2\end{cases}$$

(2)

$$f_Y(y)=F_Y'(y)=\begin{cases}\frac{3}{4}, & 0<y<1\\\frac{1}{4}, & 1\leqslant y<2\\0, & \text{其他}\end{cases}$$

$$EY=\int_{-\infty}^{+\infty}yf_Y(y)\mathrm{d}y=\frac{3}{4}\int_0^1 y\mathrm{d}y+\frac{1}{4}\int_1^2 y\mathrm{d}y=\frac{3}{4}\times\frac{1}{2}+\frac{1}{4}\times\frac{3}{2}=\frac{3}{4}$$

名师评注

本题主要考查一维随机变量函数的分布、条件分布、随机变量的数字特征(期望).由于 Y 在区间 $(0,i)$ 上服从均匀分布,因此在计算概率 $P\{Y\leqslant y|X=1\}$ 与 $P\{Y\leqslant y|X=2\}$ 时,没有必要利用积分进行计算,只需要画出数轴,确定随机变量的取值范围,然后用长度之比计算概率即可.

真题 21(15 年,11 分)设随机变量 X 的概率密度为 $f(x)=\begin{cases}2^{-x}\ln 2, & x>0\\0, & x\leqslant 0\end{cases}$,对 X 进行独

立重复的观测,直到第 2 个大于 3 的观测值出现时停止,记 Y 为观测次数.求:

(1) Y 的概率分布;

(2) EY.

【分析】 如果将观测值大于 3 这个事件理解为试验成功,则 Y 表示对 X 独立地重复试验 n 次,其中第 n 次试验成功,而前 $n-1$ 次只有一次成功,则前 $n-1$ 次看成 $n-1$ 重伯努利试验,满足二项分布. 每一次试验的结果是相互独立的,且每次试验成功的概率为 p,其中 $p = P\{X>3\}$. 这样就不难求出 Y 的概率分布.

【详解】(1) 记 p 为观测值大于 3 的概率,则

$$p = P\{X>3\} = \int_3^{+\infty} 2^{-x}\ln 2\, dx = \frac{1}{8}$$

从而 $P\{Y=n\} = C_{n-1}^1 p (1-p)^{n-2} p = (n-1)\left(\frac{1}{8}\right)^2 \left(\frac{7}{8}\right)^{n-2}, n=2,3,\cdots$

为 Y 的概率分布.

(2) **方法一**:分解法

将随机变量 Y 分解成 $Y = M + N$ 两个过程,其中 M 表示从 1 到 $k(k<n)$ 次试验观测值大于 3 首次发生,N 表示从 $k+1$ 次到第 n 试验观测值大于 3 首次发生.

则 $M \sim \text{Ge}(k, p), N \sim \text{Ge}(n-k, p)$(注:Ge 表示几何分布).所以

$$E(Y) = E(M+N) = E(M) + E(N) = \frac{1}{p} + \frac{1}{p} = \frac{2}{p} = \frac{2}{\frac{1}{8}} = 16$$

方法二:直接计算

$$EY = \sum_{n=2}^{\infty} n \cdot P\{Y=n\} = \sum_{n=2}^{\infty} n \cdot (n-1)\left(\frac{1}{8}\right)^2 \left(\frac{7}{8}\right)^{n-2}$$

$$= \sum_{n=2}^{\infty} n \cdot (n-1)\left[\left(\frac{7}{8}\right)^{n-2} - 2\left(\frac{7}{8}\right)^{n-1} + \left(\frac{7}{8}\right)^n\right]$$

记 $S_1(x) = \sum_{n=2}^{\infty} n \cdot (n-1) x^{n-2}, -1 < x < 1$

则 $S_1(x) = \sum_{n=2}^{\infty} n \cdot (n-1) x^{n-2} = \left(\sum_{n=2}^{\infty} n \cdot x^{n-1}\right)' = \left(\sum_{n=2}^{\infty} x^n\right)'' = \frac{2}{(1-x)^3}$

$S_2(x) = \sum_{n=2}^{\infty} n \cdot (n-1) x^{n-1} = x \sum_{n=2}^{\infty} n \cdot (n-1) x^{n-2} = x S_1(x) = \frac{2x}{(1-x)^3}$

$S_3(x) = \sum_{n=2}^{\infty} n \cdot (n-1) x^n = x^2 \sum_{n=2}^{\infty} n \cdot (n-1) x^{n-2} = x^2 S_1(x) = \frac{2x^2}{(1-x)^3}$

所以 $S(x) = S_1(x) - 2S_2(x) + S_3(x) = \frac{2 - 4x + 2x^2}{(1-x)^3} = \frac{2}{1-x}$

从而 $EY = S\left(\frac{7}{8}\right) = 16$

【名师评注】

本题主要考查离散型随机变量分布律和数学期望的计算.题中的随机变量 Y 服从的分布称为帕斯卡分布,也称为负二项分布,这个分布不在数学考研的大纲中,但是这种题目不算超纲,因为此分布可以分解为二项分布或者几何分布来求 Y 的概率分布.在计算 EY 时,方法一是将 Y 分解成两个几何分布分别求数学期望,虽然计算简洁,但是考生一般想不到此方法;方法二是利用 Y 的分布律来计算 EY,进而转化为高等数学中利用"逐项积分或逐项求导"求幂级数的和函数的题目.这种幂级数求和问题在高等数学中很常见,但是在概率论中也曾考查过,请各位考生务必重视.

真题 22 (17年,4分) 设随机变量 X 的分布函数为 $F(x)=0.5\Phi(x)+0.5\Phi\left(\dfrac{x-4}{2}\right)$,其中 $\Phi(x)$ 为标准正态分布的分布函数,则 $EX=$ _____.

【分析】 先求出 X 的概率密度函数 $f(x)$,再利用数学期望公式进行计算,解题过程中需要注意标准正态分布的概率密度是偶函数.

【详解】 应填 2.

由题设可得,随机变量 X 的概率密度函数为 $f(x)=0.5\varphi(x)+0.25\varphi\left(\dfrac{x-4}{2}\right)$.

根据连续性随机变量数学期望的定义有:

$$EX=\int_{-\infty}^{+\infty}xf(x)\,dx=0.5\int_{-\infty}^{+\infty}x\varphi(x)\,dx+0.25\int_{-\infty}^{+\infty}x\varphi\left(\dfrac{x-4}{2}\right)dx$$

$$=\int_{-\infty}^{+\infty}\left(\dfrac{x-4}{2}+2\right)\varphi\left(\dfrac{x-4}{2}\right)d\left(\dfrac{x-4}{2}\right)$$

$$=\int_{-\infty}^{+\infty}(t+2)\varphi(t)\,dt=2\int_{-\infty}^{+\infty}\varphi(t)\,dt=2$$

其中 $\varphi(x)$ 为标准正态分布的概率密度,为一个偶函数,则 $\int_{-\infty}^{+\infty}x\varphi(x)\,dx=0$,而根据概率密度的性质有 $\int_{-\infty}^{+\infty}\varphi(t)\,dt=1$.

【名师评注】

本题主要考查正态分布的性质以及随机变量数学期望的计算.正态分布是概率论中最重要的分布,考生务必熟悉,而" $\int_{-\infty}^{+\infty}x\varphi(x)\,dx=0$ "可由"若被积函数为奇函数,积分区间对称(包含无穷区间),积分收敛,则此积分等于0"得到,且" $\int_{-\infty}^{+\infty}\varphi(t)\,dt=1$ "更是概率密度的基本性质.在计算积分" $\int_{-\infty}^{+\infty}x\varphi\left(\dfrac{x-4}{2}\right)dx$ "应用了常见的积分换元法.

二 协方差与相关系数的计算(31年8考)

1.知识要点

(1) 协方差:称 $E[(X-EX)(Y-EY)]$ 为随机变量 X 与 Y 的协方差,记为 $\text{Cov}(X,Y)$,即
$$\text{Cov}(X,Y) = E[(X-EX)(Y-EY)]$$

利用期望的性质,将协方差的计算化简为 $\text{Cov}(X,Y) = E(XY) - EX \cdot EY$.

(2) 相关系数:设 (X,Y) 为二维随机变量,若 $DX > 0, DY > 0$,则称
$$\rho_{XY} = \frac{\text{Cov}(X,Y)}{\sqrt{DX} \cdot \sqrt{DY}}$$

为随机变量 X 与 Y 的相关系数.

注:① $|\rho_{XY}| \leq 1$. $\rho = 0$ 时,称 X 与 Y 不相关. ② $|\rho_{XY}| = 1$ 的充要条件是存在常数 a,b 使得 $P\{Y = aX + b\} = 1$,当 $a > 0$ 时,$\rho_{XY} = 1$. 当 $a < 0$ 时,$\rho_{XY} = -1$.

2.解题思路

这类题型主要是求协方差与相关系数,用于定义和性质进行计算即可.

真题23 (01年,3分) 将一枚硬币重复掷 n 次,以 X 和 Y 分别表示正面向上和反面向上的次数,则 X 和 Y 的相关系数为( ).

(A) -1 (B) 0 (C) $\frac{1}{2}$ (D) 1

【分析】若两个随机变量 X 和 Y 满足关系式 $Y = aX + b (a \neq 0, a, b$ 为常数),则称 X 和 Y 完全(线性)相关,当 $a > 0$ 时,相关系数 $\rho_{XY} = 1$,当 $a < 0$ 时,相关系数 $\rho_{XY} = -1$. 由这个结论不难得出本题中 X 和 Y 的相关系数.

【详解】应选(A).

由题设知 $X + Y = n$,即 $Y = -X + n$,故两者是线性关系,且是负相关,所以相关系数为 -1.

名师详注

本题主要考查两个随机变量的相关系数以及相应结论. 其实在 $Y = aX + b$ 中,当 $a > 0$ 时,称 X 和 Y 完全正相关;当 $a < 0$ 时,称 X 和 Y 完全负相关.

真题24 (04年,4分) 设随机变量 $X_1, X_2, \cdots X_n, n > 1$ 独立同分布,且其方差为 $\sigma^2 > 0$,令 $Y = \frac{1}{n} \sum_{i=1}^{n} X_i$,则( ).

(A) $\text{Cov}(X_1, Y) = \frac{\sigma^2}{n}$ (B) $\text{Cov}(X_1, Y) = \sigma^2$

(C) $D(X_1 + Y) = \frac{n+2}{n} \sigma^2$ (D) $D(X_1 - Y) = \frac{n+1}{n} \sigma^2$

【分析】由于 $X_1, X_2, \cdots X_n, n>1$ 相互独立，所以必有 $\text{Cov}(X_i, X_j) = \begin{cases} \sigma^2, & i=j \\ 0, & i \neq j \end{cases}$，求 $\text{Cov}(X_1, Y)$ 与 $D(X_1+Y)$，而 $Y = \frac{1}{n}\sum_{i=1}^{n} X_i$，就要想办法将 Y 中的 X_1 分离出来，再利用独立性进行计算。

【详解】应选(A)。

$$\text{Cov}(X_1, Y) = \text{Cov}\left(X_1, \frac{1}{n}\sum_{i=1}^{n} X_i\right) = \frac{1}{n}\text{Cov}(X_1, X_1) + \frac{1}{n}\sum_{i=2}^{n}\text{Cov}(X_1, X_i) = \frac{1}{n}DX_1$$

$$= \frac{1}{n}\sigma^2$$

$$D(X_1+Y) = D\left(\frac{1+n}{n}X_1 + \frac{1}{n}X_2 + \cdots + \frac{1}{n}X_n\right) = \frac{(1+n)^2}{n^2}\sigma^2 + \frac{n-1}{n^2}\sigma^2 = \frac{n+3}{n}\sigma^2$$

$$D(X_1-Y) = D\left(\frac{n-1}{n}X_1 - \frac{1}{n}X_2 - \cdots - \frac{1}{n}X_n\right) = \frac{(n-1)^2}{n^2}\sigma^2 + \frac{n-1}{n^2}\sigma^2 = \frac{n-1}{n}\sigma^2$$

故答案为(A)。

名师详注

本题主要考查协方差和方差的性质与计算。协方差具有"线性运算"的性质，比较容易计算。而本题中，$D(X_1+Y) \neq DX_1 + DY$，原因是 X_1 与 Y 未必独立，因为 Y 中含有 X_1，所以本题中的(C)项不正确，同理(D)项不正确。

真题25 (04年, 9分) 设 A, B 为随机事件，且 $P(A) = \frac{1}{4}$，$P(B|A) = \frac{1}{3}$，$P(A|B) = \frac{1}{2}$，令

$$X = \begin{cases} 1, & A \text{ 发生} \\ 0, & A \text{ 不发生} \end{cases}, \quad Y = \begin{cases} 1, & B \text{ 发生} \\ 0, & B \text{ 不发生} \end{cases}$$

求：(1) 二维随机变量 (X, Y) 的概率分布；

(2) X 和 Y 的相关系数 ρ_{XY}。

【分析】本题尽管难度不大，但考察的知识点很多，综合性较强。通过随机事件定义随机变量或通过随机变量定义随机事件，可以比较好地将概率论的知识前后连贯起来，这种命题方式值得注意。

先确定 (X, Y) 的可能取值，再求在每一个可能取值点上的概率，而这可利用随机事件的运算性质得到，即得二维随机变量 (X, Y) 的概率分布；利用联合概率分布可求出边缘概率分布，进而可计算出相关系数。

【详解】(1) 由于 $P(AB) = P(A)P(B|A) = \frac{1}{12}$，所以 $P(B) = \frac{P(AB)}{P(A|B)} = \frac{1}{6}$。

利用条件概率公式和事件间简单的运算关系，有

$$P\{X=1,Y=1\}=P(AB)=\frac{1}{12},$$

$$P\{X=1,Y=0\}=P(A\bar{B})=P(A)-P(AB)=\frac{1}{6},$$

$$P\{X=0,Y=1\}=P(\bar{A}B)=P(B)-P(AB)=\frac{1}{12},$$

$$P\{X=0,Y=0\}=P(\overline{AB})=1-P(A+B)=1-P(A)-P(B)+P(AB)=\frac{2}{3}$$

$$\left(\text{或 } P\{X=0,Y=0\}=1-\frac{1}{12}-\frac{1}{6}-\frac{1}{12}=\frac{2}{3}\right),$$

所以二维随机变量(X,Y)的概率分布为

X \ Y	0	1	$p_{i\cdot}$
0	$\frac{2}{3}$	$\frac{1}{12}$	$\frac{3}{4}$
1	$\frac{1}{6}$	$\frac{1}{12}$	$\frac{1}{4}$
$p_{\cdot j}$	$\frac{5}{6}$	$\frac{1}{6}$	1

(2) X,Y 的概率分布为

X	0	1
p	$\frac{3}{4}$	$\frac{1}{4}$

Y	0	1
p	$\frac{5}{6}$	$\frac{1}{6}$

由 0－1 分布的数学期望和方差公式，则

$$EX=\frac{1}{4}, EY=\frac{1}{6}, DX=\frac{1}{4}\times\frac{3}{4}=\frac{3}{16}, DY=\frac{1}{6}\times\frac{5}{6}=\frac{5}{36}$$

$$E(XY)=0\cdot P\{XY=0\}+1\cdot P\{XY=1\}=P\{X=1,Y=1\}=\frac{1}{12}$$

故

$$\text{Cov}(X,Y)=E(XY)-EX\cdot EY=\frac{1}{24}$$

从而

$$\rho_{XY}=\frac{\text{Cov}(X,Y)}{\sqrt{DX}\cdot\sqrt{DY}}=\frac{\sqrt{15}}{15}$$

名师评注

本题主要考查二维离散型随机变量联合分布律、边缘分布律、相关系数的计算，以及常见概率公式的应用．本题的特点是：利用随机变量构造随机事件，进而求概率分布．在计算$E(XY)$时需要应用(X,Y)的联合分布律，而不能由X,Y的边缘分布律得到，因为题中没有独立（或不相关）的条件．

真题 26 (08 年,4 分) 设随机变量 $X \sim N(0,1), Y \sim N(1,4)$,且相关系数 $\rho_{XY}=1$,则( ).

(A) $P\{Y=-2X-1\}=1$ (B) $P\{Y=2X-1\}=1$

(C) $P\{Y=-2X+1\}=1$ (D) $P\{Y=2X+1\}=1$

【分析】X 和 Y 的相关系数 $\rho_{XY}=\pm 1$ 的充分必要条件是存在常数 a,b 且 $a\neq 0$,使得 $P\{Y=aX+b\}=1$ 成立;进一步有,当 $\rho_{XY}=1$ 时,$a>0$,$\rho_{XY}=-1$ 时,$a<0$.这样就不难排除(A) 和(C)了,再根据 X 和 Y 的数学期望的关系确定正确选项.

【详解】应选(D).

由相关系数 $\rho_{XY}=1$,可得,存在常数 a,b 且 $a\neq 0$,使得 $P\{Y=aX+b\}=1$ 成立,且 $a>0$,则(A) 和(C) 不正确.

又 $EY=aEX+b=b=1$,$DY=a^2DX=a^2=4$,故 $a=2,b=1$,即 $Y=2X+1$.

名师评注

本题主要考查相关系数的性质,数学期望与方差的计算.其中,从 $\rho_{XY}=1$ 不能得出 $Y=aX+b$,只能得出 $P\{Y=aX+b\}=1$.

真题 27 (11 年,11 分) 设随机变量 X 与 Y 的概率分布分别为

X	0	1
p	$\frac{1}{3}$	$\frac{2}{3}$

Y	-1	0	1
p	$\frac{1}{3}$	$\frac{1}{3}$	$\frac{1}{3}$

且 $P\{X^2=Y^2\}=1$.求:

(1) 二维随机变量 (X,Y) 的概率分布;

(2) $Z=XY$ 的概率分布;

(3) X 与 Y 的相关系数 ρ_{XY}.

【分析】由 $P\{X^2=Y^2\}=1$ 可得 $P\{X^2\neq Y^2\}=0$,即
$$P\{X=0,Y=-1\}=P\{X=0,Y=1\}=P\{X=1,Y=0\}=0$$
再根据 X 与 Y 的边缘分布律,很容易得出 (X,Y) 的概率分布,其余两问就可以迎刃而解.

【详解】(1) 由 $P\{X^2=Y^2\}=1$,得 $P\{X^2\neq Y^2\}=0$,即
$$P\{X=0,Y=-1\}=P\{X=0,Y=1\}=P\{X=1,Y=0\}=0$$
再结合 X,Y 的分布律,可得 (X,Y) 的联合分布律为

X \ Y	-1	0	1
0	0	$\frac{1}{3}$	0
1	$\frac{1}{3}$	0	$\frac{1}{3}$

(2) Z 的可能取值为 $-1, 0, 1$.

$$P\{Z=-1\} = P\{X=1, Y=-1\} = \frac{1}{3}$$

$$P\{Z=1\} = P\{X=1, Y=1\} = \frac{1}{3}$$

$$P\{Z=0\} = 1 - P\{Z=-1\} - P\{Z=1\} = \frac{1}{3}$$

所以，Z 的分布律为

Z	-1	0	1
p	$\frac{1}{3}$	$\frac{1}{3}$	$\frac{1}{3}$

(3) 由 X, Y 及 Z 的概率分布得 $EX = \frac{2}{3}, EY = 0, E(XY) = EZ = 0$,

从而 $$\text{Cov}(X, Y) = E(XY) - EXEY = 0$$

所以 X 与 Y 的相关系数为 $\rho_{XY} = \frac{\text{Cov}(X, Y)}{\sqrt{DX}\sqrt{DY}} = 0$.

【名师评注】

本题主要考查二维离散型随机变量函数的联合分布律及协方差计算. 本题解题的关键是由 $P\{X^2 = Y^2\} = 1$ 得出 $P\{X^2 \ne Y^2\} = 0$. 实际上，条件 "$P\{X^2 = Y^2\} = 1$"，在离散型的情形下可粗略理解成 "$X^2 = Y^2$" 必须成立，那么，例如事件 $\{X=0, Y=-1\}$ 就是 "不可能事件"，故 $P\{X=0, Y=-1\} = 0$. 也可由

"$0 \le P\{X=0, Y=-1\} \le P\{X^2 \ne Y^2\} = 1 - P\{X^2 = Y^2\} = 0$"

推出 $P\{X=0, Y=-1\} = 0$，另外两个式子 $P\{X=0, Y=1\} = 0$ 与 $P\{X=1, Y=0\} = 0$ 同理可得.

真题 28（12 年，4 分）将长度为 1m 的木棒随机地截成两段，则两段长度的相关系数为（　）.

(A) 1　　　　　　(B) $\frac{1}{2}$　　　　　　(C) $-\frac{1}{2}$　　　　　　(D) -1

【分析】 两段长度无论多长，但是总长度为 1，从 $y = -x + 1$ 不难看出相关系数为 -1.

【详解】 应选 (D).

设两段长度分别为 x, y，显然 $x + y = 1$，即 $y = -x + 1$，故两者是线性关系，且是负相关，所以相关系数为 -1.

【名师评注】

本题主要考查相关系数的性质. 题中有 $y = -x + 1$，可得 x 与 y 是完全负相关.

真题 29 (12 年,11 分) 设二维离散型随机变量 (X,Y) 的概率分布为

X \ Y	0	1	2
0	$\frac{1}{4}$	0	$\frac{1}{4}$
1	0	$\frac{1}{3}$	0
2	$\frac{1}{12}$	0	$\frac{1}{12}$

求:(1) $P\{X=2Y\}$;(2) $\text{Cov}(X-Y,Y)$.

【分析】(1) 可将事件 $\{X=2Y\}$ 分解成为 $\{X=0,Y=0\}$ 与 $\{X=2,Y=1\}$ 之和,再求其概率.

(2) 由 (X,Y) 的概率分布可求 X,Y 及 XY 的概率分布,然后通过化简 $\text{Cov}(X-Y,Y)$ 及协方差的计算公式可得其值.

【详解】(1) 由随机变量 (X,Y) 的概率分布可知,

$$P\{X=2Y\} = P\{X=0,Y=0\} + P\{X=2,Y=1\} = \frac{1}{4} + 0 = \frac{1}{4}$$

(2) 由随机变量 (X,Y) 的概率分布可得 X,Y 及 XY 的分布分别为

$$X \sim \begin{pmatrix} 0 & 1 & 2 \\ \frac{1}{2} & \frac{1}{3} & \frac{1}{6} \end{pmatrix}, Y \sim \begin{pmatrix} 0 & 1 & 2 \\ \frac{1}{3} & \frac{1}{3} & \frac{1}{3} \end{pmatrix}, XY \sim \begin{pmatrix} 0 & 1 & 4 \\ \frac{7}{12} & \frac{1}{3} & \frac{1}{12} \end{pmatrix}$$

从而 $EX = 0 \times \frac{1}{2} + 1 \times \frac{1}{3} + 2 \times \frac{1}{6} = \frac{2}{3}, EY = 0 \times \frac{1}{3} + 1 \times \frac{1}{3} + 2 \times \frac{1}{3} = 1$

$EY^2 = 0^2 \times \frac{1}{3} + 1^2 \times \frac{1}{3} + 2^2 \times \frac{1}{3} = \frac{5}{3}, EXY = 0 \times \frac{7}{12} + 1 \times \frac{1}{3} + 4 \times \frac{1}{12} = \frac{2}{3}$

得 $$DY = EY^2 - (EY)^2 = \frac{5}{3} - 1 = \frac{2}{3}$$

于是
$$\text{Cov}(X-Y,Y) = \text{Cov}(X,Y) - \text{Cov}(Y,Y) = EXY - EXEY - DY$$
$$= \frac{2}{3} - \frac{2}{3} \times 1 - \frac{2}{3} = -\frac{2}{3}$$

名师评注

本题主要考查二维离散型随机变量的概率与协方差的计算.对于由已知事件或随机变量给出的二维离散型随机变量的分布,关键是将新的随机变量的取值转化为已知事件或随机变量的取值.在计算协方差 $\text{Cov}(X,Y)$ 时,一般用它的计算式 $\text{Cov}(X,Y) = E(XY) - EXEY$,而不是用它的定义式 $\text{Cov}(X,Y) = E[(X-EX)(Y-EY)]$.

真题 30 (16 年,4 分) 随机试验 E 有三种两两不相容的结果 A_1, A_2, A_3,且三种结果发生的概率均为 $\frac{1}{3}$,将试验 E 独立重复做 2 次,X 表示 2 次试验中结果 A_1 发生的次数,Y 表示 2 次试验

中结果 A_2 发生的次数,则 X 与 Y 的相关系数为( ).

(A) $-\dfrac{1}{2}$　　　　(B) $-\dfrac{1}{3}$　　　　(C) $\dfrac{1}{3}$　　　　(D) $\dfrac{1}{2}$

【分析】由题意可见 X 与 Y 均服从二项分布,这样就可以计算出 EX、EY、DX 与 DY,然后只需要根据题意计算 EXY 即可计算出 X 与 Y 的相关系数.

【详解】应选(A).

由题意得, $X \sim B\left(2,\dfrac{1}{3}\right)$, $Y \sim B\left(2,\dfrac{1}{3}\right)$.

$$EX = EY = \dfrac{2}{3}, DX = DY = 2 \times \dfrac{1}{3} \times \left(1-\dfrac{1}{3}\right) = \dfrac{4}{9}$$

$E(XY) = 1 \times 1 \times P\{X=1,Y=1\} + 1 \times 0 \times P\{X=1,Y=0\} + 0 \times 1 \times P\{X=0,Y=1\} +$
$\qquad 0 \times 0 \times P\{X=0,Y=0\}$

$\qquad = P\{X=1,Y=1\} = \dfrac{1}{3} \times \dfrac{1}{3} \times 2 = \dfrac{2}{9}$

所以 X 与 Y 的相关系数为

$$\rho_{XY} = \dfrac{\text{Cov}(X,Y)}{\sqrt{DX}\sqrt{DY}} = \dfrac{E(XY)-EXEY}{\sqrt{DX}\sqrt{DY}} = \dfrac{\dfrac{2}{9}-\dfrac{2}{3}\times\dfrac{2}{3}}{\sqrt{\dfrac{4}{9}}\times\sqrt{\dfrac{4}{9}}} = -\dfrac{1}{2}$$

名师评注

本题主要考查相关系数的计算以及特殊分布的期望与方差,考生要通过题意善于对二项分布做出判断,这也是解本题的关键所在.需要注意的是.在计算过程中有 $P\{X=1,Y=1\} = \dfrac{1}{3} \times \dfrac{1}{3} \times 2 = \dfrac{2}{9}$,不能直接将 $P\{X=1,Y=1\} = P\{X=1\} \cdot P\{Y=1\}$,原因是本题中的 X 与 Y 并不独立,而是单个 $X(Y)$ 服从二项分布.其中"2"表示 A_1,A_2 发生的顺序是有两种情况.

三 随机变量的独立与不相关(31年7考)

1.知识要点

(1) 随机变量的独立性:设随机变量 (X,Y) 的联合分布为 $F(x,y)$,若对任意的 x,y 都有 $F(x,y) = F_X(x)F_Y(y)$,则称 X,Y 是独立的.

(2) 随机变量的不相关:当随机变量 X 与 Y 的相关系数 $\rho_{XY}=0$ 时,称 X 与 Y 不相关.

2.解题思路

本类题的一般解题思路如下.

(1) 明确独立和不相关的区别: X 与 Y 不相关和 X 与 Y 相互独立是两个不同的概念. X 与 Y 不相关是指 X 与 Y 之间不存在线性关系,不是说它们之间不存在其它关系.而 X 与 Y 相互独立

是指 X 与 Y 之间不存在任何关系.

(2) 明确独立和不相关的联系:一般地,若 X 与 Y 相互独立,则 X 与 Y 一定不相关.反之,不成立,即"不相关未必独立".

(3) 若 $(X,Y) \sim N(\mu_1,\mu_2;\sigma_1^2,\sigma_2^2;\rho)$,则 X 与 Y 相互独立的充要条件是 $\rho_{XY}=0$.即,在二维正态分布中独立和不相关是等价的.

注:在一维正态分布中,独立和不相关未必等价.

(4) 掌握不相关的几种等价说法:

$$\rho_{XY}=0 \Leftrightarrow \mathrm{cov}(X,Y)=0 \Leftrightarrow EXY=EXEY \Leftrightarrow D(X\pm Y)=DX+DY$$

真题 31 (93年,6分) 设随机变量 X 的概率分布密度为 $f(x)=\dfrac{1}{2}e^{-|x|}, -\infty < x < +\infty$.

(1) 求 X 的数学期望 EX 和方差 DX.

(2) 求 X 与 $|X|$ 的协方差,并问 X 与 $|X|$ 是否不相关?

(3) 问 X 与 $|X|$ 是否相互独立,为什么?

【分析】第(1)、(2)问直接利用连续型随机变量数学期望、方差和协方差的公式进行计算即可,通过协方差来判断 X 与 $|X|$ 是否不相关;第(3)问先直观判断 X 与 $|X|$ 不独立,再通过对 X 与 $|X|$ 取特殊值验证两者不独立.

【详解】(1) $$EX = \int_{-\infty}^{\infty} \frac{1}{2} x e^{-|x|} dx = 0$$

$$DX = EX^2 - (EX)^2 = EX^2 = \int_{-\infty}^{\infty} \frac{1}{2} x^2 e^{-|x|} dx = \int_0^{\infty} x^2 e^{-x} dx = 2$$

(2) $$\mathrm{Cov}(X,|X|) = E(X|X|) - EX \cdot E|X| = E(X|X|) = \int_{-\infty}^{\infty} \frac{1}{2} x |x| e^{-|x|} dx = 0$$

所以,X 与 $|X|$ 不相关.

(3) 对任意 $a>0$,

$$P\{|X|<a, X<a\} = P\{-a<X<a, X<a\} = P\{-a<X<a\},$$

$$P\{|X|<a\} P\{X<a\} = P\{-a<X<a\} P\{X<a\},$$

又 $P\{X<a\}<1$,所以 $P\{|X|<a, X<a\} \neq P\{|X|<a\} P\{X<a\}$.因此,$X$ 与 $|X|$ 不独立.

> **名师评注**
>
> 本题主要考查连续型随机变量及其函数的数学期望、方差和协方差的计算,以及独立性和不相关的判定.题目的结果给出了"不相关未必独立"的例子.本题中判断 X 与 $|X|$ 的独立性不需要求出 $(X,|X|)$ 的联合分布,根据题意先直观判断 X 与 $|X|$ 是不独立的,再找个特殊值进行检验即可.

真题 32（94 年,6 分）设随机变量 X 和 Y 分别服从正态分布 $N(1,3^2)$ 和 $N(0,4^2)$,而 (X,Y) 服从二维正态分布且 X 与 Y 的相关系数 $\rho_{XY}=-\dfrac{1}{2}$,设 $Z=\dfrac{X}{3}+\dfrac{Y}{2}$.

(1) 求 Z 的数学期望 EZ 和方差 DZ.

(2) 求 X 与 Z 的相关系数 ρ_{XZ}.

(3) 问 X 与 Z 是否相互独立,为什么?

【分析】第(1)、(2)问直接利用随机变量数学期望、方差、协方差和相关系数的公式进行计算即可;第(3)问根据二维正态分布的性质判断 X 与 Z 是否相互独立.

【详解】(1)
$$EZ=E\left(\dfrac{X}{3}+\dfrac{Y}{2}\right)=\dfrac{1}{3}EX+\dfrac{1}{2}EY=\dfrac{1}{3}$$

$$\mathrm{Cov}(X,Y)=\sqrt{DX}\cdot\sqrt{DY}\cdot\rho_{XY}=3\times4\times\left(-\dfrac{1}{2}\right)=-6$$

$$D(Z)=D\left(\dfrac{X}{3}+\dfrac{Y}{2}\right)=\dfrac{1}{9}DX+\dfrac{1}{4}DY+\dfrac{1}{3}\mathrm{Cov}(X,Y)=3$$

(2)
$$\mathrm{Cov}(X,Z)=\mathrm{Cov}\left(X,\dfrac{X}{3}+\dfrac{Y}{2}\right)=\dfrac{1}{3}DX+\dfrac{1}{2}\mathrm{Cov}(X,Y)=0$$

故
$$\rho_{XZ}=\dfrac{\mathrm{Cov}(X,Z)}{\sqrt{DX}\sqrt{DZ}}=0$$

(3) 由于 (X,Y) 服从二维正态分布,则其线性组合构成的二维随机变量也服从二维正态分布,而 $Z=\dfrac{X}{3}+\dfrac{Y}{2}$,$X=X+0\cdot Y$,故 X 和 Z 都是其线性组合,则 (X,Z) 服从二维正态分布. 又 $\rho_{XZ}=0$,所以 X 与 Z 相互独立.

名师详注

本题主要考查数学期望、方差、协方差与相关系数的计算以及二维正态分布的性质. 本题用到的结论有:① 若随机变量 (X,Y) 服从二维正态分布,则 X 与 Y 相互独立的充分必要条件是 X 与 Y 不相关;② 若随机变量 (X,Y) 服从二维正态分布,则 $(aX+bY,cX+dY)$ 也服从二维正态分布,其中满足行列式 $\begin{vmatrix} a & c \\ b & d \end{vmatrix}\neq 0$.

真题 33（00 年,3 分）设二维随机变量 (X,Y) 服从二维正态分布,则随机变量 $\xi=X+Y$ 与 $\eta=X-Y$ 不相关的充分必要条件为( ).

(A) $E(X)=E(Y)$

(B) $E(X^2)-[E(X)]^2=E(Y^2)-[E(Y)]^2$

(C) $E(X^2)=E(Y^2)$

(D) $E(X^2)+[E(X)]^2=E(Y^2)+[E(Y)]^2$

【分析】ξ 与 η 不相关的充分必要条件是它们的相关系数 $\rho=0$,这又等价于它们的协方差 $\mathrm{Cov}(\xi,\eta)=0$.

【详解】 应选(B).

随机变量 $\xi = X+Y$ 与 $\eta = X-Y$ 不相关的充分必要条件为
$$\text{Cov}(\xi,\eta) = \text{Cov}(X+Y, X-Y) = DX - DY = 0$$
即
$$E(X^2) - [E(X)]^2 = E(Y^2) - [E(Y)]^2$$

名师评注

本题主要考查协方差和方差的计算性质,以及不相关的等价条件.本题不用"正态分布"这个条件,这个条件只是说明了 X 和 Y 的二阶矩存在.

真题 34 (07年,4分) 设随机变量 (X,Y) 服从二维正态分布,且 X 与 Y 不相关,$f_X(x)$, $f_Y(y)$ 分别表示 X,Y 的概率密度,则在 $Y=y$ 的条件下,X 的条件概率密度 $f_{X|Y}(x|y)$ 为 ( ).

(A) $f_X(x)$ 　　　　　　　　　(B) $f_Y(y)$

(C) $f_X(x)f_Y(y)$ 　　　　　　　(D) $\dfrac{f_X(x)}{f_Y(y)}$

【分析】 二维正态分布随机变量 (X,Y) 中,X 与 Y 相互独立等价于 X 与 Y 不相关,而对于任意两个随机变量 X 与 Y,如果它们相互独立,则有 $f(x,y) = f_X(x)f_Y(y)$.

【详解】 应选(A).

二维正态随机变量 (X,Y) 中,X 与 Y 独立等价于 X 与 Y 不相关.而对任意两个随机变量 X 与 Y,如果它们相互独立,则有
$$f(x,y) = f_X(x)f_Y(y)$$

由于二维正态随机变量 (X,Y) 中 X 与 Y 不相关,故 X 与 Y 独立,且 $f(x,y) = f_X(x)f_Y(y)$. 根据条件概率密度的定义,当在 $Y=y$ 条件下,如果 $f_Y(y) \neq 0$,则
$$f_{X|Y}(x|y) = \frac{f(x,y)}{f_Y(y)} = \frac{f_X(x)f_Y(y)}{f_Y(y)} = f_X(x)$$

而 $f_Y(y)$ 显然不为 0,因此 $f_{X|Y}(x|y) = f_X(x)$.

名师评注

本题主要考查二维正态分布的性质.因为 (X,Y) 服从二维正态分布,且 X 与 Y 不相关,Y 的取值不影响 X 的取值,所以 $f_{X|Y}(x|y) = f_X(x)$.这样考虑更直观,对于不要求过程的选择题,也是一种很好的方法.

真题 35 (11年,4分) 设二维随机变量 (X,Y) 服从正态分布 $N(\mu,\mu;\sigma^2,\sigma^2;0)$,则 $E(XY^2) = $ _____.

【分析】 (X,Y) 服从二维正态分布且相关系数 $\rho_{XY} = 0$,即 X 和 Y 不相关,可由二维正态分布的性质得 X 和 Y 相互独立,这样就可以利用独立性求出 $E(XY^2)$.

【详解】应填 $\mu(\sigma^2+\mu^2)$.

由于 (X,Y) 服从二维正态分布且 X 和 Y 的相关系数为 0,故 X 和 Y 相互独立.

由题意知,$EX=\mu$,$EY^2=DY+(EY)^2=\sigma^2+\mu^2$,所以
$$E(XY^2)=EX\cdot EY^2=\mu(\sigma^2+\mu^2)$$

【名师评注】

本题主要考查二维正态分布的性质以及独立时随机变量乘积的数学期望的计算. 题中再一次用到了结论:① 若随机变量 (X,Y) 服从二维正态分布,则 X 与 Y 相互独立的充分必要条件是 X 与 Y 不相关;② 若 X 与 Y 独立,则 X 与 Y^2 也是独立的,于是才有了
$$E(XY^2)=EX\cdot EY^2=\mu(\sigma^2+\mu^2)$$

真题 36 (15 年,4 分)设随机变量 X,Y 不相关,且 $EX=2$,$EY=1$,$DX=3$,则 $E[X(X+Y-2)]=($).

(A) -3 (B) 3 (C) -5 (D) 5

【分析】根据不相关可知 $\mathrm{Cov}(X,Y)=0$,即可得 $E(XY)=EXEY=2$,再根据数学期望的性质化简计算 $E[X(X+Y-2)]$.

【详解】应选 (D).

由随机变量 X,Y 不相关,得 $\mathrm{Cov}(X,Y)=EXY-EX\cdot EY=0$,

故
$$EXY=EXEY=2$$

于是,$E[X(X+Y-2)]=E(X^2+XY-2X)=EX^2+EXY-2EX$
$$=DX+(EX)^2+EXY-2EX$$
$$=3+2^2+2-2\times 2=5$$

【名师评注】

本题主要考查随机变量不相关的充分必要条件以及数学期望的计算性质. 其中,X,Y 不相关等价于 $\mathrm{Cov}(X,Y)=0$,也等价于 $E(XY)=EX\cdot EY$.

真题 37 (15 年,4 分)设二维随机变量 (X,Y) 服从正态分布 $N(1,0;1,1,0)$,则 $P\{XY-Y<0\}=$ _____.

【分析】由 (X,Y) 服从二维正态分布 $N(1,0;1,1,0)$ 得,$X\sim N(1,1)$,$Y\sim N(0,1)$,且 X 与 Y 相互独立,再者可以将事件 $XY-Y<0$ 转化为 $\{X-1>0,Y<0\}$ 与 $\{X-1<0,Y>0\}$ 的和事件,然后根据正态分布的对称性计算出结果.

【详解】应填 $\dfrac{1}{2}$.

由题设知,$X\sim N(1,1)$,$Y\sim N(0,1)$,且 X 与 Y 相互独立,从而
$$P\{XY-Y<0\}=P\{(X-1)Y<0\}=P\{X-1>0,Y<0\}+P\{X-1<0,Y>0\}$$

$$= P\{X-1>0\}P\{Y<0\} + P\{X-1<0\}P\{Y>0\}$$
$$= \frac{1}{2} \times \frac{1}{2} + \frac{1}{2} \times \frac{1}{2} = \frac{1}{2}$$

名师评注

本题主要考查二维正态分布的性质（独立和不相关是等价的、边缘分布是一维正态分布），以及正态分布随机变量概率的计算.本题的关键是要将事件 $XY-Y<0$ 转化为 $\{X-1>0,Y<0\}$ 与 $\{X-1<0,Y>0\}$ 的和事件，然后利用独立性进行计算，其中用到了正态分布的概率性质，即 $X \sim N(1,1)$ 时，有 $P\{X>1\} = P\{X<1\} = \frac{1}{2}$，$Y \sim N(0,1)$ 时，也有 $P\{Y>0\} = P\{Y<0\} = \frac{1}{2}$.

第五章　大数定律与中心极限定理

考情分析

考试概况

本章内容不是考试的重点,只需理解即可.在历年真题中,只有2001年考过一次切比雪夫不等式的填空题,其它年份都未曾出现考题.考研大纲中规定了以下考试内容:

(1) 了解切比雪夫不等式.

(2) 了解切比雪夫大数定律、伯努利大数定律和辛钦大数定律(独立同分布随机变量序列的大数定律).

(3) 了解棣莫弗－拉普拉斯定理(二项分布以正态分布为极限分布)和列维－林德伯格定理(独立同分布随机变量序列的中心极限定理).

命题分析

本章内容大多以选择题和填空题进行考查.只要把这些不等式、定律和定理的条件和结论记住即可.前些年数学三曾经考查过用中心极限定理来近似计算的解答题.但由于考试时不能用计算器,而本章的计算题计算量过大,因此近几年并没有出现.

趋势预测

根据历年考研真题的命题规律,2018年考研基本不会考查本章内容.但是本章的大数定律是我们后面学习参数的矩估计的理论依据,所以考生还是需要进行了解.

复习建议

考生需要熟记切比雪夫不等式、三个大数定律和两个中心极限定理的条件和结论,且要会用相关定理近似计算有关随机事件的概率.

考点清单

| 切比雪夫不等式 | 31年1考 |

真题全解

一、切比雪夫不等式（31年1考）

1. 知识要点

设随机变量 X 有期望 $EX = \mu$ 和方差 $DX = \sigma^2$，则对于任给 $\varepsilon > 0$，有

$$P\{|X - \mu| \geq \varepsilon\} \leq \frac{\sigma^2}{\varepsilon^2}$$

上述不等式称为切比雪夫不等式．

注：切比雪夫不等式的等价形式为 $P\{|X - EX| < \varepsilon\} \geq 1 - \frac{DX}{\varepsilon^2}$．

2. 解题思路

直接利用切比雪夫不等式，并且注意不等式中期望和方差的未知不要弄错，尤其是要把两种形式的不等式区分开．

真题 1（01年,3分）设随机变量 X 的方差为 2，则根据切比雪夫不等式有估计 $P\{|X - EX| \geq 2\} \leq$ _____．

【分析】切比雪夫不等式为 $P\{|X - EX| \geq \varepsilon\} \leq \frac{DX}{\varepsilon^2}$，套用公式计算即可．

【详解】应填 $\frac{1}{2}$．

由切比雪夫不等式，得 $P\{|X - EX| \geq 2\} \leq \frac{DX}{2^2} = \frac{1}{2}$．

名师评注

本题考查切比雪夫不等式的应用．切比雪夫不等式还有另外一种形式为

$$P\{|X - EX| < \varepsilon\} \geq 1 - \frac{DX}{\varepsilon^2}$$

做题时需要根据题目的要求判断选取合适的不等式形式．

第六章　数理统计的基本概念

考情分析

考试概况

本章是数理统计的基础,也是重点之一.统计学的核心问题是由样本推断总体,因此要理解统计中的一些基本概念,这些基本概念包括总体、简单随机样本、统计量、样本均值、样本方差等.其中,统计量是样本的函数,其本质也是随机变量,统计量的选择和运用在统计推断中占据核心地位,我们所涉及的统计量主要是样本的数字特征,如样本均值、样本方差、样本原点矩和样本中心矩等.

统计量的分布称为抽样分布,它是统计推断的重要基础,最常用的有 χ^2 分布、t 分布和 F 分布,它们都是正态随机变量函数的分布,这三个分布是本章的重点,也是难点,在考研中出现的频率也较高.

由于在区间估计与假设检验中会涉及正态分布总体,因此考生还应该掌握正态总体的抽样分布,即样本均值、样本方差、样本均值差和样本方差比的抽样分布.

命题分析

本章主要以选择题和填空题的方式进行考查,且选择题居多.主要考查考生对 χ^2 分布、t 分布和 F 分布的典型构成模式、性质和分位点的掌握以及三种分布中未知参数的确定.除此之外,还考查过本章中正态总体抽样分布的一些性质.

趋势预测

根据历年考研真题的命题规律,2018 年考研本章内容主要还是以选择题或填空题的形式考查,重点在 χ^2 分布、t 分布和 F 分布的典型构成模式、性质、分位点以及分布中未知参数的确定上.

复习建议

一般来说,本章内容是考生复习的薄弱点,很多考生感觉本章公式不好记,其实考生只需要熟记一个总体的 $\overline{X}, S^2, E\overline{X}, D\overline{X}, E X^2$ 和 χ^2 分布、t 分布和 F 分布的典型构成模式与参数,尤其是正态总体抽样分布的一些性质就可以了.

考点清单

1. 常见统计量的分布　　　　　　　　　　　　　　　　　　　　　　　　31 年 2 考
2. 正态总体下的抽样分布　　　　　　　　　　　　　　　　　　　　　　31 年 5 考

真题全解

一 常见统计量的分布（31 年 2 考）

1. 知识要点

(1) χ^2 分布：设 $X_1, X_2, \cdots, X_n$ 独立同分布，且 $X_i \sim N(0,1), i = 1, 2, \cdots, n$，则
$$X_1^2 + X_2^2 + \cdots + X_n^2 \sim \chi^2(n)$$

(2) t 分布：设 $X \sim N(0,1), Y \sim \chi^2(n)$ 且 X 与 Y 相互独立，则
$$t = \frac{X}{\sqrt{Y/n}} \sim t(n)$$

(3) F 分布：设 $X \sim \chi^2(n_1), Y \sim \chi^2(n_2)$，且 X 与 Y 相互独立，则
$$F = \frac{X/n_1}{Y/n_2} \sim F(n_1, n_2)$$

2. 解题思路

这部分的题目全部属于对概念与定理的理解，以选择和填空为主，没有复杂的计算。弄清楚三个重要分布所对应的统计量（随机变量）的结构形式（典型构成模式）是求解这类问题的关键。而这三个重要分布的基础均是标准正态分布，如果题目中已知的是一般的正态分布，则需要进行标准化。

真题 1（03 年，4 分）设随机变量 $X \sim t(n)(n > 1), Y = \frac{1}{X^2}$，则（　　）.

(A) $Y \sim \chi^2(n)$　　(B) $Y \sim \chi^2(n-1)$　　(C) $Y \sim F(n,1)$　　(D) $Y \sim F(1,n)$

【分析】解这类问题关键在于掌握 χ^2 分布、t 分布和 F 分布的典型模式，必须明白它们是怎样构成的。

【详解】应选 (C).

由 $X \sim t(n), n > 1$ 分布知，$X = \frac{W}{\sqrt{Z/n}}$，其中 $W \sim N(0,1), Z \sim \chi^2(n)$，且 W 与 Z 独立，从而 $X^2 = \frac{W^2}{Z/n}$，由于 $W^2 \sim \chi^2(1), Z \sim \chi^2(n)$，所以由 F 分布定义知 $X^2 \sim F(1,n)$，即 $Y \sim F(n,1)$.

【名师评注】

本题主要考查 t 分布和 F 分布的典型模式。通过本题可以得到两个结论：① 若 $X \sim t(n)$，则 $X^2 \sim F(1,n)$；② 若 $\xi \sim F(n,m)$，则 $\frac{1}{\xi} \sim F(m,n)$，它们的证明对于考研数学不做要求，可以通过 t 分布和 F 分布的构成上理解。本题如果考生知道这两个结论，可以直接应用进而会更快选择出正确选项。

真题2 (13年,4分) 设随机变量 $X \sim t(n), Y \sim F(1,n)$,给定 $\alpha(0<\alpha<0.5)$,常数 c 满足 $P\{X>c\}=\alpha$,则 $P\{Y>c^2\}=(\quad)$.

(A) α
(B) $1-\alpha$
(C) 2α
(D) $1-2\alpha$

【分析】由 $X \sim t(n)$ 得 $X^2 \sim F(1,n)$,则 X^2 与 Y 同分布,则将计算 $P\{Y>c^2\}$ 转化为计算 $P\{X^2>c^2\}$,这样不难计算出结果.

【详解】应选(C).

由 $X \sim t(n)$ 得 $X^2 \sim F(1,n)$,则 X^2 与 Y 同分布.

由 $0<\alpha<0.5$,且常数 c 满足 $P\{X>c\}=\alpha$,得 $c>0$.

根据 t 分布的概率密度图形关于 y 轴对称可得

$$P\{Y>c^2\}=P\{X^2>c^2\}=P\{X>c\}+P\{X<-c\}=2P\{X>c\}=2\alpha.$$

名师评注

本题实质上考查的是 t 分布的上 α 分位点.如果考生对 t 分布的性质、概率密度图形、上 α 分位点比较熟悉,则可以根据 t 分布的概率密度图形直接得出正确的结果来.本题常见的错误为"$P\{X>c\}=P\{X^2>c^2\}$",从而错误的选择了(A).而在本题中事件 $\{X>c\}$ 和事件 $\{X^2>c^2\}$ 显然不是等价的.

二 正态总体下的抽样分布(31年5考)

1.知识要点

设 $X_1, X_2, \cdots, X_n$ 是来自总体 X(不管服从什么分布,只要均值和方差存在)的样本,且有 $EX=\mu, DX=\sigma^2$,则有 $E\overline{X}=\mu, D\overline{X}=\dfrac{\sigma^2}{n}$.

定理:设总体 $X \sim N(\mu, \sigma^2)$, $X_1, X_2, \cdots, X_n, n \geq 2$ 是来自 X 的样本,则有

1) $\overline{X} \sim N(\mu, \sigma^2/n), \dfrac{\overline{X}-\mu}{\sigma} \cdot \sqrt{n} \sim N(0,1)$;

2) $\dfrac{(n-1)S^2}{\sigma^2} \sim \chi^2(n-1)$;

3) $\overline{X}$ 和 S^2 相互独立;

4) $\dfrac{\overline{X}-\mu}{S/\sqrt{n}} \sim t(n-1)$.

2.解题思路

这部分题目全部属于对概念与定理的理解,熟记并掌握上述定理是解决这类题目的关键.在复习过程中没有必要掌握此定理的证明过程.

真题3（98年，4分）从正态总体 $N(3.4, 6^2)$ 中抽取容量为 n 的样本，如果要求其样本均值位于区间 $(1.4, 5.4)$ 内的概率不小于 0.95，问样本容量 n 至少应取多大？

附表：标准正态分布表

$$\Phi(z) = \int_{-\infty}^{z} \frac{1}{\sqrt{2\pi}} e^{-\frac{t^2}{2}} dt$$

z	1.28	1.645	1.96	2.33
$\Phi(z)$	0.900	0.950	0.975	0.990

【分析】由题设，$\overline{X} \sim N\left(\mu, \dfrac{\sigma^2}{n}\right)$，再根据正态分布的概率求解公式进行计算即可．

【详解】以 $\overline{X}$ 表示该样本均值，则 $\overline{X} \sim N\left(3.4, \dfrac{6^2}{n}\right)$．

$$P\{1.4 < \overline{X} < 5.4\} = P\left\{\frac{1.4-3.4}{6/\sqrt{n}} < \frac{\overline{X}-3.4}{6/\sqrt{n}} < \frac{5.4-3.4}{6/\sqrt{n}}\right\}$$

$$= P\left\{\left|\frac{\overline{X}-3.4}{6/\sqrt{n}}\right| < \frac{\sqrt{n}}{3}\right\} = 2\Phi\left(\frac{\sqrt{n}}{3}\right) - 1 \geqslant 0.95$$

故 $\Phi\left(\dfrac{\sqrt{n}}{3}\right) \geqslant 0.975$，由此得 $\dfrac{\sqrt{n}}{3} \geqslant 1.96$，即 $n \geqslant (1.96 \times 3)^2 \approx 34.57$．所以样本容量 n 至少应取 35．

【名师评注】

本题主要考查正态分布的概率计算，本题本属于概率题，只是这里用了数理统计的一些概念如"总体"、"样本均值"等．

真题4（01年，7分）设总体 X 服从正态分布 $N(\mu, \sigma^2)$，$\sigma > 0$，从该总体中抽取简单随机样本 $X_1, X_2, \cdots, X_{2n}$，$n \geqslant 2$，其样本均值为 $\overline{X} = \dfrac{1}{2n} \sum_{i=1}^{2n} X_i$，求统计量 $Y = \sum_{i=1}^{n} (X_i + X_{n+i} - 2\overline{X})^2$ 的数学期望 EY．

【分析】由样本的性质可知，计算 EY，只需要计算 $E(X_i + X_{n+i} - 2\overline{X})^2$，而

$$E(X_i + X_{n+i} - 2\overline{X})^2 = D(X_i + X_{n+i} - 2\overline{X}) + [E(X_i + X_{n+i} - 2\overline{X})]^2$$

再接着计算出结果即可．

或将样本 $X_1, X_2, \cdots, X_{2n}(n \geqslant 2)$ 转化为一个新的样本

$$(X_1 + X_{n+1}), (X_2 + X_{n+2}), \cdots, (X_n + X_{2n})$$

再利用样本方差的期望计算．

【详解】**方法一**：利用数学期望的性质，得

$$EY = E\left[\sum_{i=1}^{n} (X_i + X_{n+i} - 2\overline{X})^2\right] = \sum_{i=1}^{n} E(X_i + X_{n+i} - 2\overline{X})^2$$

$$= \sum_{i=1}^n \{D(X_i + X_{n+i} - 2\overline{X}) + [E(X_i + X_{n+i} - 2\overline{X})]^2\}$$

$$= \sum_{i=1}^n D(X_i + X_{n+i} - 2\overline{X}) + \mu + \mu - 2\mu$$

$$= \sum_{i=1}^n D\left[\left(1 - \frac{1}{n}\right)X_i + \left(1 - \frac{1}{n}\right)X_{n+i} - \frac{1}{n}\sum_{\substack{j \neq i \\ j \neq n+i}} X_j\right]$$

$$= \sum_{i=1}^n \left[2\left(1 - \frac{1}{n}\right)^2 \sigma^2 + \frac{1}{n^2}(2n-2)\sigma^2\right]$$

$$= \sum_{i=1}^n \frac{2(n-1)\sigma^2}{n} = 2(n-1)\sigma^2$$

其中用到了 $\left(1 - \frac{1}{n}\right)X_i, \left(1 - \frac{1}{n}\right)X_{n+i}, \frac{1}{n}\sum_{\substack{j \neq i \\ j \neq n+i}} X_j$ 三者相互独立.

方法二：由题意知，可以将 $(X_1 + X_{n+1}), (X_2 + X_{n+2}), \cdots, (X_n + X_{2n})$ 看成是取自正态总体 $N(2\mu, 2\sigma^2)(\sigma > 0)$ 的简单随机样本，则其样本均值为 $\frac{1}{n}\sum_{i=1}^n (X_i + X_{n+i}) = \frac{1}{n}\sum_{i=1}^{2n} X_i = 2\overline{X}$，样本方差为 $\frac{1}{n-1}\sum_{i=1}^n (X_i + X_{n+i} - 2\overline{X})^2 = \frac{1}{n-1}Y$，由于 $E\left(\frac{1}{n-1}Y\right) = 2\sigma^2$，所以有：

$$EY = (n-1)(2\sigma^2) = 2(n-1)\sigma^2$$

> **名师评注**
>
> 本题主要考查正态总体下的样本均值和样本方差的抽样分布.在方法一中，经常出现的错误为"$\sum_{i=1}^n D(X_i + X_{n+i} - 2\overline{X}) = \sum_{i=1}^n (DX_i + DX_{n+i} - 2D\overline{X})$"，这个式子不成立的原因是题中没有独立的条件.而本题是将 $X_i + X_{n+i} - 2\overline{X}$ 转化为 $\left(1 - \frac{1}{n}\right)X_i + \left(1 - \frac{1}{n}\right)X_{n+i} - \frac{1}{n}\sum_{\substack{j \neq i \\ j \neq n+i}} X_j$，这样 $X_i, X_{n+i}, \sum_{\substack{j \neq i \\ j \neq n+i}} X_j$ 三者就相互独立了.这是一种常见的处理方法，考生需要掌握.方法二是在原来样本的基础之上重新定义了一个新的样本，利用样本方差的期望等于总体的方差进行计算，即 $E\left(\frac{1}{n-1}Y\right) = 2\sigma^2$.

真题 5 (05年,4分) 设 $X_1, X_2, \cdots, X_n, n \geq 2$ 为来自总体 $N(0,1)$ 的简单随机样本，$\overline{X}$ 为样本均值，S^2 为样本方差，则（　　）.

(A) $n\overline{X} \sim N(0,1)$
(B) $nS^2 \sim \chi^2(n)$
(C) $\dfrac{(n-1)\overline{X}}{S} \sim t(n-1)$
(D) $\dfrac{(n-1)X_1^2}{\sum_{i=2}^n X_i^2} \sim F(1, n-1)$

【分析】有关正态总体 $N(\mu,\sigma^2)$ 下的样本均值和样本方差的抽样分布,考生需要熟记:
① $\overline{X} \sim N\left(\mu,\dfrac{\sigma^2}{n}\right)$;② $\dfrac{(n-1)S^2}{\sigma^2} \sim \chi^2(n-1)$;③ $\dfrac{\overline{X}-\mu}{\dfrac{S}{\sqrt{n}}} \sim t(n-1)$;④ $\overline{X}, S^2$ 相互独立. 利用这些性质就可以确定正确选项.

【详解】应选(D).

由 $X_1, X_2, \cdots, X_n$ 是来自总体 $N(0,1)$ 的样本,得 $X_1^2 \sim \chi^2(1)$,$\sum\limits_{i=2}^{n} X_i^2 \sim \chi^2(n-1)$,且 X_1^2 与 $\sum\limits_{i=2}^{n} X_i^2$ 相互独立. 所以

$$\dfrac{(n-1)X_1^2}{\sum\limits_{i=2}^{n} X_i^2} = \dfrac{X_1^2/1}{\left(\sum\limits_{i=2}^{n} X_i^2\right)/(n-1)} \sim F(1, n-1)$$

名师详注

本题主要考查正态总体下的样本均值和样本方差的抽样分布以及 χ^2 分布、F 分布的典型模式. 做这类题目的关键是需要熟记常见的性质和结论.

真题 6(05 年,9 分)设 $X_1, X_2, \cdots, X_n (n>2)$ 为来自总体 $N(0,1)$ 的简单随机样本,$\overline{X}$ 为样本均值,记 $Y_i = X_i - \overline{X}, i=1,2,\cdots,n$. 求

(1) Y_i 的方差 $DY_i, i=1,2,\cdots,n$;

(2) Y_1 与 Y_n 的协方差 $\mathrm{Cov}(Y_1, Y_n)$.

【分析】求 DY_i 时,$Y_i = X_i - \overline{X}$,而 $\overline{X}$ 中又有 X_i 的成分,因而 X_i 与 $\overline{X}$ 不独立,故 $DY_i = D(X_i - \overline{X}) \neq DX_i + D\overline{X}$,应该将 $\overline{X}$ 中的 X_i 部分与 X_i 合并,再利用样本的独立性计算. 求 $\mathrm{Cov}(Y_1, Y_n)$ 也用类似的方法来处理.

【详解】

(1)
$$DY_i = D(X_i - \overline{X}) = D\left[\left(1-\dfrac{1}{n}\right)X_i - \dfrac{1}{n}\sum_{\substack{k=1\\k\neq i}}^{n} X_k\right]$$

$$= \left(1-\dfrac{1}{n}\right)^2 D(X_i) + \dfrac{1}{n^2}\sum_{\substack{k=1\\k\neq i}}^{n} DX_k$$

$$= \dfrac{(n-1)^2}{n^2} + \dfrac{n-1}{n^2} = \dfrac{n-1}{n}$$

(2) $\mathrm{Cov}(Y_1, Y_n) = \mathrm{Cov}(X_1 - \overline{X}, X_n - \overline{X})$

$$= \mathrm{Cov}(X_1, X_n) - \mathrm{Cov}(X_1, \overline{X}) - \mathrm{Cov}(X_n, \overline{X}) + \mathrm{Cov}(\overline{X}, \overline{X})$$

$$= 0 - \dfrac{1}{n}\mathrm{Cov}(X_1, X_1) - \dfrac{1}{n}\mathrm{Cov}(X_n, X_n) + \dfrac{1}{n^2}\sum_{i=1}^{n}\mathrm{Cov}(X_i, X_i)$$

$$= -\frac{1}{n} - \frac{1}{n} + \frac{1}{n} = -\frac{1}{n}$$

其中用到了 ①$\mathrm{Cov}(X_1, \overline{X}) = \mathrm{Cov}\left(X_1, \frac{1}{n}\sum_{i=1}^{n} X_i\right) = \mathrm{Cov}\left(X_1, \frac{1}{n}X_1\right) = \frac{1}{n}$；②$X_1, X_i (i \neq 1)$ 独立，则 $\mathrm{Cov}(X_1, X_i) = 0, \mathrm{Cov}(X_1, X_1) = DX_1 = 1$。

名师评注

本题主要考查方差与协方差的计算，用到了统计中的总体、样本、样本均值等概念。在计算 $\mathrm{Cov}(Y_1, Y_n)$ 时，$\mathrm{Cov}(X_1, \overline{X}) = \frac{1}{n}$ 的详细过程如下：

$$\mathrm{Cov}(X_1, \overline{X}) = \mathrm{Cov}\left(X_1, \frac{1}{n}\sum_{i=1}^{n} X_i\right)$$

$$= \mathrm{Cov}\left(X_1, \frac{1}{n}X_1\right) + \mathrm{Cov}\left(X_1, \frac{1}{n}X_2\right) + \cdots + \mathrm{Cov}\left(X_1, \frac{1}{n}X_n\right)$$

$$= \mathrm{Cov}\left(X_1, \frac{1}{n}X_1\right) = \frac{1}{n}DX_1 = \frac{1}{n}$$

真题7（17年，4分）设 $X_1, X_2, \cdots, X_n, n \geq 2$ 为来自总体 $N(\mu, 1)$ 的简单随机样本，记 $\overline{X} = \frac{1}{n}\sum_{i=1}^{n} X_i$，则下列结论中不正确的是（　　）。

(A) $\sum_{i=1}^{n}(X_i - \mu)^2$ 服从 χ^2 分布　　　　(B) $2(X_n - X_1)^2$ 服从 χ^2 分布

(C) $\sum_{i=1}^{n}(X_i - \overline{X})^2$ 服从 χ^2 分布　　　　(D) $n(\overline{X} - \mu)^2$ 服从 χ^2 分布

【分析】若总体 $X \sim N(\mu, \sigma^2)$，则

$$\overline{X} \sim N\left(\mu, \frac{1}{n}\sigma^2\right), \frac{\overline{X} - \mu}{\frac{\sigma}{\sqrt{n}}} \sim N(0, 1)$$

$$\frac{1}{\sigma^2}\sum_{i=1}^{n}(X_i - \mu)^2 \sim \chi^2(n), \frac{1}{\sigma^2}\sum_{i=1}^{n}(X_i - \overline{X})^2 \sim \chi^2(n-1)$$

根据这四个结论选择正确答案。

【详解】应选(B)。

因为 $X_1, X_2, \cdots, X_n, n \geq 2$，有为来自总体 $N(\mu, 1)$ 的简单随机样本，所以

$$\sum_{i=1}^{n}(X_i - \mu)^2 \sim \chi^2(n), \sum_{i=1}^{n}(X_i - \overline{X})^2 \sim \chi^2(n-1)$$

则(A)，(C)正确。

又因为 $\overline{X} \sim N\left(\mu, \frac{1}{n}\right)$，所以 $\frac{\overline{X} - \mu}{\frac{1}{\sqrt{n}}} = \sqrt{n}(\overline{X} - \mu) \sim N(0, 1)$，

因此 $\left[\dfrac{\overline{X}-\mu}{\dfrac{1}{\sqrt{n}}}\right]^2 = n\,(\overline{X}-\mu)^2 \sim \chi^2(1)$，则(D) 正确.

综上所述，不正确的是(B).

名师详注

本题主要考查正态总体下样本均值和样本方差的抽样分布. 实际上，由题设条件可得 $X_n - X_1 \sim N(0,2)$，则 $\dfrac{X_n - X_1}{\sqrt{2}} \sim N(0,1)$，因此有 $\dfrac{(X_n - X_1)^2}{2} \sim \chi^2(1)$，而不是(B)中的 $2(X_n - X_1)^2$ 服从 χ^2 分布.

第七章 参数估计

考情分析

考试概况

参数估计是根据从总体中抽取的样本估计总体分布中包含的未知参数.考生需要根据已有的数据,分析或推断数据反映的本质规律,即根据样本数据如何选择统计量去推断总体的分布或数字特征等.统计推断是数理统计研究的核心问题,是指根据样本对总体分布或分布的数字特征等作出合理的推断,它是统计推断的一种基本形式,是数理统计学的一个重要分支,分为点估计和区间估计两部分.考研大纲中规定了以下考试内容:

(1)理解参数的点估计、估计量与估计值的概念.

(2)掌握矩估计法(一阶矩、二阶矩)和最大似然估计法.

(3)了解估计量的无偏性、有效性(最小方差性)和一致性(相合性)的概念,并会验证估计量的无偏性.

(4)理解区间估计的概念,会求单个正态总体的均值和方差的置信区间,会求两个正态总体的均值差和方差比的置信区间.

命题分析

本章是考试的重点内容之一,尤其是点估计中的矩估计法和最大似然估计法以解答题的形式考查的频率极高,有时还会涉及到估计量的评选标准,其中无偏性最为重要.区间估计一般是对单个正态总体的样本均值和样本方差求置信区间,多年来,两个正态总体的参数区间估计很少考查.

在历年考题中,矩估计法和最大似然估计法一般只对一个未知参数进行估计,要熟悉离散型和连续型两种不同的处理形式,尤其要正确写出最大似然估计中的似然函数.

估计量的无偏性有时以一个4分的选择题或填空题的形式单独考查,或者以解答题的其中一问考查,结合第六章的一些基本概念可知,判断无偏性就是求统计量的数学期望.

趋势预测

根据历年考研真题的命题规律可知,2018年考研本章的重点考查内容为矩估计和最大似然估计,且以解答题的形式出现.估计量的三个评选标准中,最有可能考查无偏性,且以选择或填空为主,或作为解答题的某一问进行考查,而无偏性的验证一般是求统计量(随机变量)的期望,也可算作数字特征的考点.

区间估计考查的可能性很小,只可能涉及到单个正态总体的样本均值和样本方差求置信区间,考生需要熟记统计量的选取以及对应的置信区间.

复习建议

本章的矩估计法和最大似然估计法是核心考点,因此考生在复习过程中应该熟练掌握两个参数估计方法的命题方式和解题步骤,并通过练习历年真题达到举一反三的效果.

而对于估计量的三个评选标准,考生需要掌握它们各自的定义以及求解方法,重点在无偏估计的复习上,其实质是统计量求数学期望.

对于区间估计,考生需要掌握构造未知参数置信区间的一般步骤,熟记估计不同参数时选取不同的统计量.此类题目可带公式按照常规步骤求解.

考点清单

1. 参数的点估计　　　　　　　　　　　　　　　　　31 年 14 考
2. 参数的区间估计　　　　　　　　　　　　　　　　31 年 2 考
3. 估计量的评选标准　　　　　　　　　　　　　　　31 年 6 考

真题全解

一　参数的点估计(31 年 14 考)

1. 知识要点

(1) 矩估计:用样本矩去估计相应的总体矩. 思想基础是样本矩依概率收敛于总体矩,即 $\frac{1}{n}\sum_{i=1}^{n} X_i^k \xrightarrow{P} EX^k$.

(2) 最大似然估计:在已经得到试验结果的情况下,应该寻找使这个结果出现的可能性最大的那个 θ 作为真值 θ 的估计.

2. 解题思路

(1) 矩估计:按照"当参数等于其估计量时,总体矩等于相应的样本矩"的原则建立方程,即有

$$\begin{cases} E(X) = \dfrac{1}{n}\sum_{i=1}^{n} X_i \\ E(X^2) = \dfrac{1}{n}\sum_{i=1}^{n} X_i^2 \\ \cdots \\ E(X^k) = \dfrac{1}{n}\sum_{i=1}^{n} X_i^m \end{cases}$$

由上面的 m 个方程中,解出的 m 个未知参数 $(\hat{\theta}_1,\hat{\theta}_2,\cdots,\hat{\theta}_m)$,即为参数 $(\theta_1,\theta_2,\cdots,\theta_m)$ 的矩估计量.

(2) 最大似然估计:

设总体 X 的概率分布(离散型)为 $P\{X=x\}=p(x;\theta)$ 或概率密度(连续型)为 $f(x,\theta)$,其中 θ 为未知参数,$x_1,\cdots,x_n$ 为来自总体 X 的一组观测值.

第一步:写出似然函数

$$L(\theta)=L(x_1,x_2,\cdots,x_n;\theta)=\prod_{i=1}^{n}P(x_i;\theta)(离散型)$$

$$L(\theta)=L(x_1,x_2,\cdots,x_n;\theta)=\prod_{i=1}^{n}f(x_i;\theta)(连续型)$$

第二步:取对数 $\ln L(\theta)$.

第三步:对 θ 求偏导数 $\dfrac{\partial \ln L(\theta)}{d\theta}$.

第四步:判断方程组 $\dfrac{\partial \ln L(\theta)}{\partial \theta}=0$ 是否有解,若有解,则其解即为所求最大似然估计;若无解,则最大似然估计常在 θ 的边界点上达到.

注:对总体分布含多个未知参数 $\theta_1,\theta_2,\cdots\theta_m$ 情况,似然函数 L 是这些参数的函数,分别对这些参数求偏导数并令其为零

$$\dfrac{\partial L(\theta_1,\theta_2,\cdots\theta_m)}{\partial \theta_i}=0,i=1,2,\cdots,m$$

解出 θ_i 即为估计量 $\hat{\theta}_i$.

真题1(97年,5分)设总体 X 的概率密度为 $f(x)=\begin{cases}(\theta+1)x^{\theta}, & 0<x<1 \\ 0, & 其他\end{cases}$,其中 $\theta>-1$ 是未知参数,$X_1,X_2,\cdots,X_n$ 是来自总体 X 的一个容量为 n 的简单随机样本,分别用矩估计法和最大似然估计法求 θ 的估计量.

【分析】求矩估计量的关键是求出 X 的数学期望 $EX=\int_{-\infty}^{+\infty}xf(x)dx$,然后列出方程 $EX=\overline{X}$;求最大似然估计的关键在于写出似然函数 $L(\theta)=f(x_1,\theta)f(x_2,\theta)\cdots f(x_n,\theta)$.

【详解】① 矩估计:

$$EX=\int_{-\infty}^{+\infty}xf(x)dx=\int_{0}^{1}(\theta+1)x^{\theta+1}dx=\dfrac{\theta+1}{\theta+2}$$

令 $EX=\overline{X}$,即 $\dfrac{\theta+1}{\theta+2}=\overline{X}$,得 $\theta=\dfrac{2\overline{X}-1}{1-\overline{X}}$.故 θ 的矩估计量为 $\hat{\theta}=\dfrac{2\overline{X}-1}{1-\overline{X}}$,其中 $\overline{X}=\dfrac{1}{n}\sum_{i=1}^{n}X_i$.

② 最大似然估计:

设 $x_1,x_2,\cdots,x_n$ 为样本 $X_1,X_2,\cdots,X_n$ 的观测值,则似然函数为

$$L(\theta) = \begin{cases} (\theta+1)^n \left(\prod_{i=1}^{n} x_i\right)^\theta, & 0 < x_1, x_2, \cdots, x_n < 1 \\ 0, & \text{其他} \end{cases}$$

当 $0 < x_1, x_2, \cdots, x_n < 1$ 时,

$$\ln L(\theta) = n\ln(\theta+1) + \theta \sum_{i=1}^{n} \ln x_i$$

令 $\dfrac{\partial \ln L(\theta)}{\partial \theta} = \dfrac{n}{\theta+1} + \sum_{i=1}^{n} \ln x_i = 0$, 得 $\theta = -\dfrac{n}{\sum_{i=1}^{n} \ln x_i} - 1$. 故 θ 的最大似然估计量为

$$\hat{\theta} = -\dfrac{n}{\sum_{i=1}^{n} \ln X_i} - 1.$$

名师详注

本题主要考查参数的矩估计和最大似然估计. 在写似然函数时应该注意, 其中每个 x_i 都有下标 i, 包括范围中的 $0 < x_1, x_2, \cdots, x_n < 1$.

真题 2(99 年, 6 分) 设总体 X 的概率密度为 $f(x) = \begin{cases} \dfrac{6x^2}{\theta^3}(\theta-x), & 0 < x < \theta \\ 0, & \text{其他} \end{cases}$, $X_1, X_2, \cdots, X_n$ 是取自总体 X 的简单随机样本. 求:

(1) θ 的矩估计量 $\hat{\theta}$;

(2) $\hat{\theta}$ 的方差 $D\hat{\theta}$.

【分析】 求矩估计量的关键是求出 X 的数学期望 $EX = \int_{-\infty}^{+\infty} x f(x) \mathrm{d}x$, 然后列出方程 $EX = \overline{X}$; 求 $D\hat{\theta}$ 实际上需要转化为求 DX.

【详解】(1) $$EX = \int_0^\theta x \cdot \dfrac{6x}{\theta^3}(\theta-x) \mathrm{d}x = \dfrac{\theta}{2}$$

由 $EX = \overline{X}$, 即 $\dfrac{\theta}{2} = \overline{X}$, 得 $\theta = 2\overline{X}$. 所以 θ 的矩估计量为 $\hat{\theta} = 2\overline{X}$.

(2) 由于 $$E(X^2) = \int_0^\theta x^2 \cdot \dfrac{6x}{\theta^3}(\theta-x) \mathrm{d}x = \dfrac{3\theta^2}{10}$$

$$DX = E(X^2) - (EX)^2 = \dfrac{3\theta^2}{10} - \dfrac{\theta^2}{4} = \dfrac{\theta^2}{20}$$

所以 $$D\hat{\theta} = D\left(\dfrac{2\sum_{i=1}^{n} X_i}{n}\right) = \dfrac{4nDX}{n^2} = \dfrac{\theta^2}{5n}$$

名师评注

本题考查参数的矩估计和方差的计算.难度不大,只要掌握了矩估计的基本公式,求(1)就很容易,再用方差的基本公式和性质就可求出 $D\hat{\theta}$.

真题 3(00 年,6 分) 设某种元件的使用寿命 X 的概率密度为 $f(x;\theta) = \begin{cases} 2e^{-2(x-\theta)}, & x > \theta \\ 0, & x \leq \theta \end{cases}$,其中 $\theta > 0$ 为未知参数.又设 $x_1, x_2, \cdots, x_n$ 是 X 的一组样本观测值,求参数 θ 的最大似然估计值.

【分析】 通过 X 的概率密度写出似然函数 $L(\theta) = f(x_1, \theta) f(x_2, \theta) \cdots f(x_n, \theta)$,求出似然函数的最大值点,即得 θ 的最大似然估计值.

【详解】 似然函数为

$$L(\theta) = \prod_{i=1}^{n} f(x_i; \theta) = \begin{cases} 2^n e^{-2\sum_{i=1}^{n}(x_i - \theta)}, & x_i > \theta (i=1,2,\cdots,n) \\ 0, & 其他 \end{cases}$$

当 $x_i > \theta (i=1,2,\cdots,n)$ 时,$\ln L(\theta) = n\ln 2 - 2\sum_{i=1}^{n}(x_i - \theta)$.因为 $\dfrac{d\ln L(\theta)}{d\theta} = 2n > 0$,所以 $L(\theta)$ 单调增加.

又由于 θ 必须满足 $x_i > \theta, i=1,2,\cdots,n$,因此当 θ 取 $x_1, x_2, \cdots, x_n$ 中的最小值时,$L(\theta)$ 取最大值.

所以 θ 的最大似然估计值为

$$\hat{\theta} = \min(x_1, x_2, \cdots, x_n)$$

名师评注

本题考查最大似然估计的求法.当似然函数关于待估参数 θ 单调时,就不能用"令 $\dfrac{\partial \ln L(\theta)}{\partial \theta} = 0$"的方法了,而是把 θ 取在端点处,才能让似然函数达到最大值.

真题 4(02 年,7 分) 设总体 X 的概率分布为

X	0	1	2	3
p	θ^2	$2\theta(1-\theta)$	θ^2	$1-2\theta$

其中 $\theta \left(0 < \theta < \dfrac{1}{2}\right)$ 是未知参数,利用总体 X 的如下样本值:3,1,3,0,3,1,2,3,求 θ 的矩估计值和最大似然估计值.

【分析】 矩估计法涉及的总体矩(总体的数学期望)和样本矩(样本均值)都不难求.最大似然估计涉及对于给定样本值的似然函数求得,由于样本值中 0 出现一次,故用 0 对应概率 θ^2 一

次;样本值中数值1出现两次,故用两个 $2\theta(1-\theta)$ 相乘;样本值中数值2出现两次,故用一个 θ^2;样本值中数值3出现四次,故用四个 $1-2\theta$ 相乘. 总之,给定样本的样本值的似然函数为

$$L(\theta) = \theta^2 \cdot [2\theta(1-\theta)]^2 \cdot \theta^2 \cdot (1-2\theta)^4 = 4\theta^6(1-\theta)^2(1-2\theta)^4$$

【详解】① 矩估计:

$$EX = 0 \times \theta^2 + 1 \times 2\theta(1-\theta) + 2 \times \theta^2 + 3 \times (1-2\theta) = 3 - 4\theta$$

$$\overline{x} = \frac{1}{8}(3+1+3+0+3+1+2+3) = 2$$

令 $EX = \overline{x}$,即 $3 - 4\theta = \overline{x}$,得 $\theta = \frac{1}{4}(3-\overline{x})$. 因此 θ 的矩估计值

$$\hat{\theta} = \frac{1}{4}(3-\overline{x}) = \frac{1}{4}(3-2) = \frac{1}{4}$$

② 最大似然估计:

似然函数为

$$L(\theta) = 4\theta^6(1-\theta)^2(1-2\theta)^4$$

$$\ln L(\theta) = \ln 4 + 6\ln\theta + 2\ln(1-\theta) + 4\ln(1-2\theta)$$

令 $\dfrac{\partial \ln L(\theta)}{\partial \theta} = \dfrac{6}{\theta} - \dfrac{2}{1-\theta} - \dfrac{8}{1-2\theta} = 0$,得 $\theta = \dfrac{7 \pm \sqrt{13}}{12}$.

因为 $\theta = \dfrac{7+\sqrt{13}}{12} > \dfrac{1}{2}$ 不合题意,所以 θ 的最大似然估计值为 $\hat{\theta} = \dfrac{7-\sqrt{13}}{12}$.

名师评注

本题考查未知参数的矩估计和最大似然估计. 本题的样本所给的是具体的样本值数据,那么似然函数 $L(\theta) = \prod\limits_{i=1}^{8} P\{X_i = x_i\}$,即为

$$L(\theta) = P\{X_1 = 3\} \cdot P\{X_2 = 1\} \cdot \cdots \cdot P\{X_8 = 3\}$$

真题5 (04年,9分) 设总体 X 的分布函数为 $F(x,\beta) = \begin{cases} 1 - \dfrac{1}{x^\beta}, & x > 1 \\ 0, & x \leqslant 1 \end{cases}$,其中未知参数 $\beta > 1$,$X_1, X_2, \cdots, X_n$ 为来自总体 X 的简单随机样本. 求:

(1) β 的矩估计量;

(2) β 的最大似然估计量.

【分析】矩估计要求出总体的矩(数学期望),这就要先求出总体 X 的概率密度 $f(x,\beta)$,$f(x,\beta) = F'(x,\beta)$,有了概率密度函数 $f(x,\beta)$ 就很容易写出似然函数 $L(\beta) = \prod\limits_{i=1}^{n} f(x_i;\beta)$.

【详解】X 的概率密度为 $f(x,\beta) = \begin{cases} \dfrac{\beta}{x^{\beta+1}}, & x > 1 \\ 0, & x \leqslant 1 \end{cases}$.

(1) $$EX = \int_{-\infty}^{+\infty} x f(x,\beta) dx = \int_{1}^{+\infty} x \cdot \frac{\beta}{x^{\beta+1}} dx = \frac{\beta}{\beta-1}$$

令 $EX = \overline{X}$,得 $$\beta = \frac{\overline{X}}{\overline{X}-1}$$

所以参数 β 的矩估计量为 $\hat{\beta} = \dfrac{\overline{X}}{\overline{X}-1}$,其中 $\overline{X} = \dfrac{1}{n}\sum_{i=1}^{n} X_i$.

(2) 设 $x_1, x_2, \cdots, x_n$ 是相应于样本 $X_1, X_2, \cdots, X_n$ 的一组观测值,则似然函数为

$$L(\beta) = \prod_{i=1}^{n} f(x_i,\beta) = \begin{cases} \dfrac{\beta^n}{(x_1 x_2 \cdots x_n)^{\beta+1}}, & x_i > 1, i = 1,2,\cdots,n \\ 0, & \text{其他} \end{cases}$$

当 $x_i > 1, i = 1, 2, \cdots, n$ 时,

$$\ln L(\beta) = n\ln\beta - (\beta+1)\sum_{i=1}^{n} \ln x_i$$

令 $\dfrac{\partial \ln L(\beta)}{\partial \beta} = \dfrac{n}{\beta} - \sum_{i=1}^{n} \ln x_i = 0$,得 $\beta = \dfrac{n}{\sum_{i=1}^{n} \ln x_i}$.

所以 β 的最大似然估计量为 $\hat{\beta} = \dfrac{n}{\sum_{i=1}^{n} \ln X_i}$

名师评注

本题主要考查未知参数的矩估计和最大似然估计.题目给出的是分布函数,先通过求导得出概率密度函数.因为求点估计的方法都是建立在已知的分布律或者概率密度的基础之上的.

真题6 (06年,9分) 设总体 X 的概率密度为 $f(x;\theta) = \begin{cases} \theta, & 0 < x < 1 \\ 1-\theta, & 1 \leqslant x < 2 \\ 0, & \text{其他} \end{cases}$,其中 θ 是未知参数 $(0 < \theta < 1)$. $X_1, X_2, \cdots, X_n$ 为来自总体 X 的简单随机样本,记 N 为样本值 $x_1, x_2, \cdots, x_n$ 中小于 1 的个数. 求 θ 的最大似然估计.

【分析】最大似然估计的关键是写出似然函数.样本值中 x_i 小于 1 的概率为 θ,x_i 大于 1 的概率为 $1-\theta$,因此似然函数为 $L(\theta) = \prod_{i=1}^{n} f(x_i,\theta) = \theta^N (1-\theta)^{n-N}$.

【详解】似然函数为 $L(\theta) = \prod_{i=1}^{n} f(x_i,\theta) = \theta^N (1-\theta)^{n-N}$

取对数,得 $\ln L(\theta) = N\ln\theta + (n-N)\ln(1-\theta)$

令 $\dfrac{\partial \ln L(\theta)}{\partial \theta} = \dfrac{N}{\theta} - \dfrac{n-N}{1-\theta} = 0$,得 $\theta = \dfrac{N}{n}$.所以 θ 的最大似然估计为 $\hat{\theta} = \dfrac{N}{n}$.

名师评注

本题主要考查未知参数的最大似然估计.详解中"$L(\theta)=\theta^N(1-\theta)^{n-N}$"是从分段函数相乘式及 N 的含义得出来的,而 N 的取值由样本值所确定,应视为一个已知量.

真题 7（07 年,11 分）设总体 X 的概率密度为 $f(x;\theta)=\begin{cases}\dfrac{1}{2\theta}, & 0<x<\theta\\ \dfrac{1}{2(1-\theta)}, & \theta\leqslant x<1,\\ 0, & \text{其他}\end{cases}$

其中参数 $\theta(0<\theta<1)$ 未知,$X_1,X_2,\cdots,X_n$ 是来自总体 X 的简单随机样本,$\overline{X}$ 是样本均值.

(1) 求参数 θ 的矩估计量 $\hat{\theta}$;

(2) 判断 $4\overline{X}^2$ 是否为 θ^2 的无偏估计量,并说明理由.

【**分析**】矩估计求唯一参数 θ,只要令样本均值 $\overline{X}$ 等于总体的期望 EX 就可以得到.判断 $4\overline{X}^2$ 是否为 θ 的无偏估计量,只需要判断 $E(4\overline{X}^2)=\theta^2$ 是否成立.

【**详解**】(1) $EX=\displaystyle\int_{-\infty}^{+\infty}xf(x;\theta)\mathrm{d}x=\int_0^\theta\dfrac{x}{2\theta}\mathrm{d}x+\int_\theta^1\dfrac{x}{2(1-\theta)}\mathrm{d}x=\dfrac{1}{4}+\dfrac{1}{2}\theta$

令 $EX=\overline{X}$,即 $\dfrac{1}{4}+\dfrac{1}{2}\theta=\overline{X}$,得 $\theta=2\overline{X}-\dfrac{1}{2}$.故参数 θ 的矩估计量为 $\hat{\theta}=2\overline{X}-\dfrac{1}{2}$.

(2) 因为

$$E(4\overline{X}^2)=4E(\overline{X}^2)=4[D\overline{X}+(E\overline{X})^2]=4\left[\dfrac{1}{n}DX+\left(\dfrac{1}{4}+\dfrac{1}{2}\theta\right)^2\right]$$

$$=\dfrac{4}{n}DX+\dfrac{1}{4}+\theta+\theta^2$$

又 $DX\geqslant 0,\theta>0$,所以 $E(4\overline{X}^2)>\theta^2$.故 $E(4\overline{X}^2)\neq\theta^2$,因此 $4\overline{X}^2$ 不是 θ^2 的无偏估计量.

名师评注

本题主要考查未知参数的矩估计以及估计量的无偏性.在无偏性的验证过程中,需要考生熟记 $E\overline{X}=EX,D\overline{X}=\dfrac{1}{n}DX,EX^2=DX+(EX)^2$ 等基本结论,这样会提高运算的速度和准确性.

真题 8（09 年,11 分）设总体 X 的概率密度为 $f(x)=\begin{cases}\lambda^2 x\mathrm{e}^{-\lambda x}, & x>0,\\ 0, & \text{其他},\end{cases}$ 其中参数 $\lambda(\lambda>0)$ 未知,$X_1,X_2,\cdots,X_n$ 是来自总体 X 的简单随机样本.求:

(1) 参数 λ 的矩估计量;

(2) 参数 λ 的最大似然估计量.

【分析】矩估计要求出总体矩,因为未知参数只有一个,只需要求出 $EX = \int_0^{+\infty} xf(x)\mathrm{d}x$ 就可以,再列出方程 $\overline{X} = EX$. 最大似然估计要求写出似然函数 $L(\lambda) = \prod_{i=1}^n f(x_i;\lambda)$,而 $f(x)$ 已经给出,就可以直接写出 $L(\lambda)$.

【详解】(1) $$EX = \int_0^{+\infty} xf(x)\mathrm{d}x = \int_0^{+\infty} \lambda^2 x^2 e^{-\lambda x}\mathrm{d}x = \frac{2}{\lambda}$$

令 $\overline{X} = EX$,即 $\overline{X} = \frac{2}{\lambda}$,得 λ 的矩估计量为 $\hat{\lambda}_1 = \frac{2}{\overline{X}}$.

(2) 设 $x_1, x_2, \cdots, x_n$ 是相应于样本 $X_1, X_2, \cdots, X_n$ 的一个样本值. 似然函数为

$$L(\lambda) = \prod_{i=1}^n f(x_i) = \begin{cases} \prod_{i=1}^n \lambda^2 x_i e^{-\lambda x_i}, & x_1, x_2, \cdots, x_n > 0 \\ 0, & \text{其他} \end{cases}$$

$$= \begin{cases} \lambda^{2n} e^{-\lambda \sum_{i=1}^n x_i} \prod_{i=1}^n x_i, & x_1, x_2, \cdots, x_n > 0 \\ 0, & \text{其他} \end{cases}$$

当 $x_1, x_2, \cdots, x_n > 0$ 时,$\ln L(\lambda) = 2n\ln\lambda - \lambda \sum_{i=1}^n x_i + \sum_{i=1}^n \ln x_i$.

令 $\frac{\mathrm{d}\ln L(\lambda)}{\mathrm{d}\lambda} = \frac{2n}{\lambda} - \sum_{i=1}^n x_i = 0$,得 $\lambda = \frac{2n}{\sum_{i=1}^n x_i} = \frac{2}{\overline{X}}$. 所以,参数 λ 的最大似然估计量为 $\hat{\lambda}_2 = \frac{2}{\overline{X}}$.

名师评注

本题主要考查未知参数的矩估计和最大似然估计. 在矩估计中计算积分 $\int_0^{+\infty} \lambda^2 x^2 e^{-\lambda x}\mathrm{d}x$ 时,很多考生利用分部积分法进行计算,不仅很慢而且还容易出错. 实际上,可以应用高等数学中的反常积分公式:$\int_0^{+\infty} x^n e^{-x}\mathrm{d}x = n!$. 具体过程为

$$\int_0^{+\infty} \lambda^2 x^2 e^{-\lambda x}\mathrm{d}x = \frac{1}{\lambda}\int_0^{+\infty} (\lambda x)^2 e^{-\lambda x}\mathrm{d}(\lambda x) = \frac{1}{\lambda}\int_0^{+\infty} t^2 e^{-t}\mathrm{d}t = \frac{2!}{\lambda} = \frac{2}{\lambda}$$

真题 9 (11 年,11 分) 设 $X_1, X_2, \cdots, X_n$ 为来自正态总体 $N(\mu_0, \sigma^2)$ 的简单随机样本,其中 μ_0 已知,$\sigma^2 > 0$ 未知. $\overline{X}$ 和 S^2 分别表示样本均值和样本方差.

(1) 求参数 σ^2 的最大似然估计量 $\hat{\sigma}^2$;

(2) 计算 $E(\hat{\sigma}^2)$ 和 $D(\hat{\sigma}^2)$.

【分析】先写出总体 X 的概率密度函数,根据样本的观测值 $x_1, x_2, \cdots, x_n$ 写出似然函数

$L(\sigma^2) = \prod_{i=1}^{n} f(x_i, \sigma^2)$,再求 σ^2 的最大似然估计量。利用 χ^2 分布求 $E(\hat{\sigma}^2)$ 和 $D(\hat{\sigma}^2)$。

【详解】(1) 因为总体 X 服从正态分布,故 X 的概率密度为

$$f(x) = \frac{1}{\sqrt{2\pi}\sigma} e^{-\frac{(x-\mu_0)^2}{2\sigma^2}}, \quad -\infty < x < +\infty$$

设 $x_1, x_2, \cdots, x_n$ 分别为样本 $X_1, X_2, \cdots, X_n$ 观测值,似然函数为

$$L(\sigma^2) = \prod_{i=1}^{n} f(x_i) = (2\pi\sigma^2)^{-\frac{n}{2}} \cdot e^{-\frac{1}{2\sigma^2} \sum_{i=1}^{n}(x_i - \mu_0)^2}$$

取对数得 $\ln L(\sigma^2) = -\frac{n}{2} \ln(2\pi\sigma^2) - \frac{1}{2\sigma^2} \sum_{i=1}^{n}(x_i - \mu_0)^2$

令

$$\frac{\partial \ln L(\sigma^2)}{\partial (\sigma^2)} = -\frac{n}{2\sigma^2} + \frac{1}{2\sigma^4} \sum_{i=1}^{n}(x_i - \mu_0)^2 = 0$$

得

$$\sigma^2 = \frac{1}{n} \sum_{i=1}^{n}(x_i - \mu_0)^2$$

故 σ^2 的最大似然估计量为

$$\hat{\sigma}^2 = \frac{1}{n} \sum_{i=1}^{n}(X_i - \mu_0)^2$$

(2) 由于 $X_1, X_2, \cdots, X_n$ 独立同分布且均服从 $N(\mu_0, \sigma^2)$ 分布,

则

$$\frac{X_i - \mu_0}{\sigma} \sim N(0,1), \left(\frac{X_i - \mu_0}{\sigma}\right)^2 \sim \chi^2(1), \sum_{i=1}^{n}\left(\frac{X_i - \mu_0}{\sigma}\right)^2 \sim \chi^2(n)$$

即

$$\frac{\sum_{i=1}^{n}(X_i - \mu_0)^2}{\sigma^2} \sim \chi^2(n)$$

亦即

$$\frac{n\hat{\sigma}^2}{\sigma^2} = \frac{\sum_{i=1}^{n}(X_i - \mu_0)^2}{\sigma^2} \sim \chi^2(n)$$

所以

$$E\left(\frac{n\hat{\sigma}^2}{\sigma^2}\right) = n, \quad D\left(\frac{n\hat{\sigma}^2}{\sigma^2}\right) = 2n$$

于是

$$E(\hat{\sigma}^2) = \frac{\sigma^2}{n} \cdot n = \sigma^2, \quad D(\hat{\sigma}^2) = \frac{\sigma^4}{n^2} \cdot 2n = \frac{2\sigma^4}{n}$$

名师评注

本题主要考查未知参数的最大似然估计以及估计量的数学期望和方差的计算。请注意:①σ^2 和 $\hat{\sigma}^2$ 的区别,σ^2 是总体中的未知待估参数,而 $\hat{\sigma}^2$ 是通过样本求出的估计量,本质为一个统计量;②对似然函数 $L(\sigma^2)$ 求导时是对 σ^2 的整体求导,而不是对 σ 求导(若对 σ 求导,其实不影响结果,但是过程会很繁琐);③本题中的 μ_0 是已知的,其实还是一个未知参数的估计;④求解 $E(\hat{\sigma}^2)$ 和 $D(\hat{\sigma}^2)$ 需要考生熟记 χ^2 分布的数学期望和方差。

真题 10 (12 年,11 分) 设随机变量 X 与 Y 相互独立且分别服从正态分布 $N(\mu,\sigma^2)$ 与 $N(\mu,2\sigma^2)$,其中 σ 是未知参数且 $\sigma>0$,设 $Z=X-Y$,

(1) 求 Z 的概率密度 $f(z;\sigma^2)$;

(2) 设 $Z_1,Z_2,\cdots,Z_n$ 为来自总体 Z 的简单随机样本,求 σ^2 的最大似然估计量 $\hat{\sigma}^2$;

(3) 证明 $\hat{\sigma}^2$ 为 σ^2 的无偏估计量.

【分析】 由于 X 与 Y 相互独立且分别服从正态分布 $N(\mu,\sigma^2)$ 与 $N(\mu,2\sigma^2)$,则 $Z=X-Y$ 也服从正态分布 $N(0,3\sigma^2)$,可以写出 Z 的概率密度函数,根据样本 $Z_1,Z_2,\cdots,Z_n$ 写出似然函数,求出 σ^2 的最大似然估计量 $\hat{\sigma}^2$,验证 $\hat{\sigma}^2$ 为 σ^2 的无偏估计量,即就是求 $E\hat{\sigma}^2=\sigma^2$.

【详解】 (1) 因为 $X\sim N(\mu,\sigma^2),Y\sim N(\mu,2\sigma^2)$ 且 X 与 Y 相互独立,故 $Z=X-Y\sim N(0,3\sigma^2)$,所以,Z 的概率密度为 $f(z,\sigma^2)=\dfrac{1}{\sqrt{6\pi}\sigma}e^{-\frac{z^2}{6\sigma^2}}(-\infty<z<+\infty)$.

(2) 设 $z_1,z_2,\cdots,z_n$ 分别为样本 $Z_1,Z_2,\cdots,Z_n$ 的观测值,则似然函数为

$$L(\sigma^2)=\prod_{i=1}^n f(z_i,\sigma^2)=\frac{1}{(6\pi)^{\frac{n}{2}}(\sigma^2)^{\frac{n}{2}}}e^{-\frac{1}{6\sigma^2}\sum_{i=1}^n z_i^2}=(6\pi)^{-\frac{n}{2}}(\sigma^2)^{-\frac{n}{2}}e^{-\frac{1}{6\sigma^2}\sum_{i=1}^n z_i^2},$$

取对数

$$\ln L(\sigma^2)=-\frac{n}{2}\ln(6\pi)-\frac{n}{2}\ln(\sigma^2)-\frac{1}{6\sigma^2}\sum_{i=1}^n z_i^2$$

令

$$\frac{\mathrm{d}\ln L(\sigma^2)}{\mathrm{d}\sigma^2}=-\frac{n}{2\sigma^2}+\frac{1}{6(\sigma^2)^2}\sum_{i=1}^n z_i^2=0$$

解得最大似然估计值为

$$\hat{\sigma}^2=\frac{1}{3n}\sum_{i=1}^n z_i^2$$

最大似然估计量为

$$\hat{\sigma}^2=\frac{1}{3n}\sum_{i=1}^n Z_i^2$$

(3) $E(\hat{\sigma}^2)=E\left(\dfrac{1}{3n}\sum\limits_{i=1}^n Z_i^2\right)=\dfrac{1}{3n}\sum\limits_{i=1}^n EZ_i^2=\dfrac{1}{3n}\sum\limits_{i=1}^n[(EZ_i)^2+DZ_i]=\dfrac{1}{3n}\sum\limits_{i=1}^n(3\sigma^2)=\sigma^2$

故 $\hat{\sigma}^2$ 为 σ^2 的无偏估计量.

名师评注

本题主要考查正态分布的概率密度、未知参数的最大似然估计以及估计量的无偏性. 本题要求考生熟记正态分布的概率密度函数和正态分布的性质,注意写 Z 的概率密度时要写上定义域 $(-\infty<z<+\infty)$. 验证无偏估计是用到了 $EZ_i^2=(EZ_i)^2+DZ_i$.

真题 11 (13 年,11 分) 设总体 X 的概率密度为 $f(x)=\begin{cases}\dfrac{\theta^2}{x^3}e^{-\frac{\theta}{x}}, & x>0 \\ 0, & 其它\end{cases}$,其中 θ 为未知参数且大于零,$X_1,X_2,\cdots,X_n$ 为来自总体 X 的简单随机样本. 求:

(1) θ 的矩估计量；

(2) θ 的最大似然估计量.

【分析】矩估计要求出总体矩,因为未知参数只有一个,只需要求出 $EX = \int_0^{+\infty} xf(x)\mathrm{d}x$ 就可以,再列出方程 $\overline{X} = EX$.最大似然估计要求写出似然函数 $L(\theta) = \prod_{i=1}^{n} f(x_i;\theta)$,而 $f(x)$ 已经给出,就可以直接写出 $L(\theta)$.

【详解】(1) $EX = \int_{-\infty}^{+\infty} xf(x)\mathrm{d}x = \int_0^{+\infty} x \cdot \frac{\theta^2}{x^3} e^{-\frac{\theta}{x}} \mathrm{d}x = \theta \int_0^{+\infty} e^{-\frac{\theta}{x}} \mathrm{d}(-\frac{\theta}{x}) = \theta$, 令 $EX = \overline{X}$, 故 θ 矩估计量为 $\hat{\theta} = \overline{X}$.

(2) 设 $x_1, x_2, \cdots, x_n$ 分别为样本 $X_1, X_2, \cdots X_n$ 观测值,则似然函数为

$$L(\theta) = \prod_{i=1}^{n} f(x_i;\theta) = \begin{cases} \prod_{i=1}^{n} \frac{\theta^2}{x_i^3} e^{-\frac{\theta}{x_i}}, & x_i > 0 \\ 0, & \text{其他} \end{cases} = \begin{cases} \theta^{2n} \prod_{i=1}^{n} \frac{1}{x_i^3} e^{-\frac{\theta}{x_i}}, & x_i > 0, i=1,2,\cdots,n \\ 0, & \text{其他} \end{cases}$$

当 $x_i > 0$ 时,

$$\ln L(\theta) = 2n \ln \theta - 3 \sum_{i=1}^{n} \ln x_i - \theta \sum_{i=1}^{n} \frac{1}{x_i}$$

令

$$\frac{\partial \ln L(\theta)}{\partial \theta} = \frac{2n}{\theta} - \sum_{i=1}^{n} \frac{1}{x_i} = 0$$

得 $\theta = \dfrac{2n}{\sum_{i=1}^{n} \frac{1}{x_i}}$,所以得 θ 最大似然估计量 $\hat{\theta} = \dfrac{2n}{\sum_{i=1}^{n} \frac{1}{X_i}}$.

名师评注

本题主要考查参数的矩估计和最大似然估计.在写似然函数时注意每个 x_i 都有下标 i,包括范围中的 $0 < x_1, x_2, \cdots, x_n < 1$.还要注意求的最大似然估计"量",所以在求出 θ 后需要将其中的 x_i 换为 X_i.

真题12 (14年,11分) 设总体 X 的分布函数为 $F(x;\theta) = \begin{cases} 1 - e^{-\frac{x^2}{\theta}}, & x \geq 0 \\ 0, & x < 0 \end{cases}$,其中 θ 是未知参数且大于零. $X_1, X_2, \cdots, X_n$ 为来自总体 X 的简单随机样本.

(1) 求 EX, EX^2；

(2) 求 θ 的最大似然估计量 $\hat{\theta}_n$；

(3) 是否存在实数 a,使得对任何 $\varepsilon > 0$,都有 $\lim\limits_{n \to \infty} P\{|\hat{\theta}_n - a| \geq \varepsilon\} = 0$?

【分析】由 X 的分布函数求出 X 的概率密度函数,再求出 EX, EX^2；根据样本的观测值

$x_1, x_2, \cdots, x_n$ 写出似然函数,求得 θ 的最大似然估计量 $\hat{\theta}_n$;根据辛钦大数定律判断是否存在实数 a,使得 $\lim\limits_{n\to\infty} P\{|\hat{\theta}_n - a| \geqslant \varepsilon\} = 0$ 成立.

【详解】(1) 总体 X 的概率密度为 $f(x;\theta) = \begin{cases} \dfrac{2x}{\theta} e^{-\frac{x^2}{\theta}}, & x \geqslant 0 \\ 0, & x < 0 \end{cases}$.

$$EX = \int_0^{+\infty} x \cdot \frac{2x}{\theta} e^{-\frac{x^2}{\theta}} dx = -\int_0^{+\infty} x \, d e^{-\frac{x^2}{\theta}} = \int_0^{+\infty} e^{-\frac{x^2}{\theta}} dx = \frac{\sqrt{\pi\theta}}{2} \cdot \frac{1}{\sqrt{\pi\theta}} \int_{-\infty}^{+\infty} e^{-\frac{x^2}{\theta}} dx = \frac{\sqrt{\pi\theta}}{2}$$

$$EX^2 = \int_0^{+\infty} x^2 \cdot \frac{2x}{\theta} e^{-\frac{x^2}{\theta}} dx = -\int_0^{+\infty} x^2 \, d e^{-\frac{x^2}{\theta}} = \int_0^{+\infty} 2x \, e^{-\frac{x^2}{\theta}} dx = \theta$$

(2) 设 $x_1, x_2, \cdots, x_n$ 分别为样本 $X_1, X_2, \cdots, X_n$ 的观测值,似然函数为

$$L(\theta) = \prod_{i=1}^n f(x_i;\theta) = \begin{cases} \prod\limits_{i=1}^n \dfrac{2x_i}{\theta} e^{-\frac{x_i^2}{\theta}}, & x_1, x_2, \cdots, x_n \geqslant 0 \\ 0, & \text{其他} \end{cases}$$

$$= \begin{cases} \dfrac{2^n \prod\limits_{i=1}^n x_i}{\theta^n} e^{-\frac{1}{\theta}\sum\limits_{i=1}^n x_i^2}, & x_1, x_2, \cdots, x_n \geqslant 0 \\ 0, & \text{其他} \end{cases}$$

当 $x_1, x_2, \cdots, x_n \geqslant 0$ 时,$\ln L(\theta) = n\ln 2 + \sum\limits_{i=1}^n \ln x_i - n\ln\theta - \dfrac{1}{\theta} \sum\limits_{i=1}^n x_i^2$.

令 $\dfrac{\partial \ln L(\theta)}{\partial \theta} = -\dfrac{n}{\theta} + \dfrac{1}{\theta^2} \sum\limits_{i=1}^n x_i^2 = 0$,得 θ 的最大似然估计值为

$$\hat{\theta} = \frac{1}{n} \sum_{i=1}^n x_i^2$$

从而 θ 的最大似然估计量为

$$\hat{\theta} = \frac{1}{n} \sum_{i=1}^n X_i^2$$

(3) 存在 $a = \theta$. 因为 $\{X_i^2\}$ 是独立同分布的随机变量序列,且 $EX_i^2 = \theta < +\infty$,所以根据辛钦大数定律,当 $n \to +\infty$ 时,$\hat{\theta}_n = \dfrac{1}{n} \sum\limits_{i=1}^n X_i^2$ 依概率收敛于 EX_i^2,即收敛于 θ. 所以对任何 $\varepsilon > 0$,都有

$$\lim_{n\to\infty} P\{|\hat{\theta}_n - a| \geqslant \varepsilon\} = 0$$

【名师评注】
　　本题考查连续型随机变量的数学期望和方差的计算、未知参数的最大似然估计. 第(3)问需要用辛钦大数定律来验证,需要考生熟悉辛钦大数定律,实际上是考查估计量的一致性的概念.

真题 13（15年,11分）设总体 X 的概率密度为 $f(x,\theta)=\begin{cases}\dfrac{1}{1-\theta}, & \theta\leqslant x\leqslant 1\\ 0, & \text{其它}\end{cases}$，其中 θ 为未知参数，$X_1,X_2,\cdots,X_n$ 为来自该总体的简单随机样本.

(1) θ 的矩估计量；

(2) θ 的最大似然估计量.

【分析】求矩估计量的关键是求出 X 的数学期望 $EX=\int_{-\infty}^{+\infty}xf(x)\mathrm{d}x$，然后列出方程 $EX=\overline{X}$；求最大似然估计的关键在于写出似然函数 $L(\theta)=f(x_1,\theta)f(x_2,\theta)\cdots f(x_n,\theta)$.

【详解】(1) $$EX=\int_{\theta}^{1}xf(x,\theta)\mathrm{d}x=\int_{\theta}^{1}\dfrac{x}{1-\theta}\mathrm{d}x=\dfrac{1+\theta}{2}$$

令 $EX=\overline{X}$，即 $\dfrac{1+\theta}{2}=\overline{X}$，解得 $\theta=2\overline{X}-1$.

所以，θ 的矩估计量为 $\hat{\theta}=2\overline{X}-1$.

(2) 设 $x_1,x_2,\cdots,x_n$ 是相应于样本 $X_1,X_2,\cdots,X_n$ 的一个样本值. 似然函数为

$$L(\theta)=\prod_{i=1}^{n}f(x_i;\theta)=\begin{cases}\prod_{i=1}^{n}\dfrac{1}{1-\theta}, & \theta\leqslant x_1,x_2,\cdots,x_n\leqslant 1\\ 0, & \text{其他}\end{cases}$$

$$=\begin{cases}\left(\dfrac{1}{1-\theta}\right)^n, & \theta\leqslant x_1,x_2,\cdots,x_n\leqslant 1\\ 0, & \text{其他}\end{cases}$$

当 $\theta\leqslant x_1,x_2,\cdots,x_n\leqslant 1$ 时，$L(\theta)=\left(\dfrac{1}{1-\theta}\right)^n$ 是关于 θ 的单调递增函数，所以当 $\theta=\min\limits_{1\leqslant i\leqslant n}\{x_1,x_2,\cdots,x_n\}$ 时，$L(\theta)$ 取到最大值，于是，θ 的最大似然估计量为

$$\hat{\theta}=\min\limits_{1\leqslant i\leqslant n}\{X_1,X_2,\cdots,X_n\}$$

名师评注

本题考查未知参数的矩估计和最大似然估计.在最大似然估计中,要让似然函数 $L(\theta)$ 取最大值,需在 $\theta\leqslant\min\limits_{1\leqslant i\leqslant n}x_i\leqslant\max\limits_{1\leqslant i\leqslant n}x_i\leqslant 1$ 限制下,$\left(\dfrac{1}{1-\theta}\right)^n$ 取到最大值,即让 θ 的值取最大,故 $\hat{\theta}=\min\limits_{1\leqslant i\leqslant n}\{X_1,X_2,\cdots,X_n\}$.在考试中,很多考生不明白这一点,$\theta$ 的最大似然估计量取成了 $\hat{\theta}=\max\limits_{1\leqslant i\leqslant n}\{X_1,X_2,\cdots,X_n\}$,显然是不满足条件 $\theta\leqslant\min\limits_{1\leqslant i\leqslant n}x_i\leqslant\max\limits_{1\leqslant i\leqslant n}x_i\leqslant 1$ 的.

真题 14 (17 年,11 分) 某工程师为了了解一台天平的精度,用该天平对某一物体的质量做了 n 次测量,该物体的质量 μ 是已知的,设 n 次测量结果 $X_1, X_2, \cdots, X_n$ 相互独立且均服从正态分布 $N(\mu, \sigma^2)$. 该工程师记录的是 n 次测量的绝对误差 $Z_i = |X_i - \mu|, i = 1, 2, \cdots, n$, 利用 $Z_1, Z_2, \cdots, Z_n$ 估计 σ.

(1) 求 Z_i 的概率密度;

(2) 利用一阶矩求 σ 的矩估计量;

(3) 求 σ 的最大似然估计量.

【分析】(1) 利用分布函数法(定义法)先求 Z_i 的分布函数,再求 Z_i 的概率密度.

(2) 利用样本 $Z_1, Z_2, \cdots, Z_n$ 求 σ 的矩估计量,先求 Z_i 的数学期望.

(3) 利用样本 $Z_1, Z_2, \cdots, Z_n$ 求 σ 的最大似然估计,先根据样本值 $z_1, z_2, \cdots, z_n$ 做出似然函数.

【详解】(1) 由 $X_i \sim N(\mu, \sigma^2)$ 得 $\dfrac{X_i - \mu}{\sigma} \sim N(0,1)$. $Z_i = |X_i - \mu|$ 的分布函数为 $F_Z(z) = P\{Z_i \leqslant z\}$.

当 $z < 0$ 时, $F_Z(z) = 0$.

当 $z \geqslant 0$ 时, $F_Z(z) = P\{|X_i - \mu| \leqslant z\} = P\left\{\left|\dfrac{X_i - \mu}{\sigma}\right| \leqslant \dfrac{z}{\sigma}\right\}$

$$= \Phi\left(\dfrac{z}{\sigma}\right) - \Phi\left(-\dfrac{z}{\sigma}\right) = 2\Phi\left(\dfrac{z}{\sigma}\right) - 1.$$

则 Z_i 的分布函数为

$$F_Z(z) = \begin{cases} 0, & z < 0 \\ 2\Phi\left(\dfrac{z}{\sigma}\right) - 1, & z \geqslant 0 \end{cases}$$

于是, Z_i 的概率密度为

$$f_Z(z) = F'_Z(z) = \begin{cases} 0, & z \leqslant 0 \\ \dfrac{2}{\sigma}\varphi\left(\dfrac{z}{\sigma}\right), & z > 0 \end{cases}$$

即

$$f_Z(z) = \begin{cases} \dfrac{2}{\sqrt{2\pi}\,\sigma} e^{-\frac{z^2}{2\sigma^2}}, & z > 0 \\ 0, & z \leqslant 0 \end{cases}$$

(2) 根据连续性随机变量数学期望的定义可知:

$$EZ_i = E|X_i - \mu| = \int_0^{+\infty} z \cdot \dfrac{2}{\sigma}\varphi\left(\dfrac{z}{\sigma}\right) dz = 2\sigma \int_0^{+\infty} \dfrac{z}{\sigma}\varphi\left(\dfrac{z}{\sigma}\right) d\left(\dfrac{z}{\sigma}\right)$$

$$= 2\sigma \int_0^{+\infty} t\varphi(t)\,dt = \dfrac{2\sigma}{\sqrt{2\pi}} \int_0^{+\infty} t e^{-\frac{t^2}{2}} dt = \dfrac{2\sigma}{\sqrt{2\pi}} \int_0^{+\infty} e^{-\frac{t^2}{2}} d\left(\dfrac{t^2}{2}\right) = \dfrac{2\sigma}{\sqrt{2\pi}}$$

令 $\dfrac{2\sigma}{\sqrt{2\pi}} = \overline{Z} = \dfrac{1}{n}\sum_{i=1}^{n} Z_i$, 得 σ 的矩估计量为 $\hat{\sigma} = \sqrt{\dfrac{\pi}{2}}\,\overline{Z}$.

(3) 似然函数构造为 $L = \prod_{i=1}^{n} f_Z(z_i, \sigma) = \dfrac{2^n}{\sigma^n} \left(\dfrac{1}{\sqrt{2\pi}}\right)^n e^{-\frac{1}{2\sigma^2}\sum_{i=1}^{n} z_i^2}$

方程两边同时取对数得 $\ln L = n\ln 2 - n\ln \sigma - n\ln \sqrt{2\pi} - \dfrac{1}{2\sigma^2}\sum_{i=1}^{n} z_i^2$

令 $\dfrac{\partial \ln L}{\partial \sigma} = n\dfrac{1}{\sigma} + \dfrac{1}{\sigma^3}\sum_{i=1}^{n} z_i^2 = 0$

则 $\sigma = \sqrt{\dfrac{1}{n}\sum_{i=1}^{n} z_i^2}$

于是,求得 σ 的最大似然估计量为 $\hat{\sigma} = \sqrt{\dfrac{1}{n}\sum_{i=1}^{n} Z_i^2}$

> **名师评注**
>
> 本题主要考查一维连续型随机变量函数的分布、未知参数的矩估计和最大似然估计的求解方法.求解过程中需要将 Z_i 标准化后借助标准正态的概率密度,因此需要考生熟记标准正态分布的概率密度函数的表达式.

二 参数的区间估计(31年2考)

1.知识要点

区间估计:设 θ 为总体的未知参数,$\hat{\theta}_1 = \hat{\theta}_1(X_1, \cdots, X_n)$,$\hat{\theta}_2 = \hat{\theta}_2(X_1, \cdots, X_n)$ 是由样本 $X_1, \cdots, X_n$ 定出的两个统计量,若对于给定的概率 $1-\alpha(0 < \alpha < 1)$,有 $P(\hat{\theta}_1 \leqslant \theta \leqslant \hat{\theta}_2) = 1-\alpha$,则区间 $[\hat{\theta}_1, \hat{\theta}_2]$ 称为参数 θ 置信度为 $1-\alpha$ 的置信区间,$\hat{\theta}_1 = \hat{\theta}_1(X_1, \cdots, X_n)$ 称为置信下限,$\hat{\theta}_2 = \hat{\theta}_2(X_1, \cdots, X_n)$ 称为置信上限.

意义:随机区间 $[\hat{\theta}_1, \hat{\theta}_2]$ 以 $1-\alpha$ 的概率包含 θ.

2.解题思路

构造未知参数 θ 的置信区间的一般步骤:

(1) 寻找样本 $X_1, \cdots, X_n$ 的一个函数 $Z(X_1, \cdots, X_n, \theta)$,它只含待估的未知参数 θ,不含其它任何未知参数,求出 $Z(X_1, \cdots, X_n, \theta)$ 的分布;

(2) 对给定的置信水平 $1-\alpha$,定出两个常数 a, b,使
$$P\{a < Z(X_1, \cdots, X_n, \theta) < b\} = 1-\alpha$$

(3) 若能从 $a < Z(X_1, \cdots, X_n, \theta) < b$ 通过不等式变形得到等价的不等式 $\hat{\theta}_1 < \theta < \hat{\theta}_2$,其中 $\hat{\theta}_1 = \hat{\theta}_1(X_1, \cdots, X_n)$,$\hat{\theta}_2 = \hat{\theta}_2(X_1, \cdots, X_n)$ 都是统计量,则 $(\hat{\theta}_1, \hat{\theta}_2)$ 就是 θ 的一个置信度为 $1-\alpha$ 的置信区间.

单个正态总体 $N(\mu,\sigma^2)$ 的区间估计

问题	条件	统计量	置信区间
估计 μ	σ^2 已知	$Z = \dfrac{\overline{X}-\mu}{\sigma/\sqrt{n}} \sim N(0,1)$	双侧：$\left(\overline{x} - z_{\alpha/2}\cdot\sigma/\sqrt{n},\ \overline{x} + z_{\alpha/2}\cdot\sigma/\sqrt{n}\right)$
	σ^2 未知	$t = \dfrac{\overline{X}-\mu}{S/\sqrt{n}} \sim t(n-1)$	双侧：$\left(\overline{x} - t_{\alpha/2}(n-1)\cdot s/\sqrt{n},\ \overline{x} + t_{\alpha/2}(n-1))\cdot s/\sqrt{n}\right)$
估计 σ^2		$\chi^2 = \dfrac{(n-1)S^2}{\sigma^2} \sim \chi^2(n-1)$	双侧：$\left(\dfrac{(n-1)s^2}{\chi^2_{\alpha/2}(n-1)},\ \dfrac{(n-1)s^2}{\chi^2_{1-\alpha/2}(n-1)}\right)$

真题 15（03 年,4 分）已知一批零件的长度 X（单位:cm）服从正态分布 $N(\mu,1)$,从中随机地抽取 16 个零件,得到长度的平均值为 40(cm),则 μ 的置信度为 0.95 的置信区间是 _____.（注:标准正态分布函数值 $\Phi(1.96)=0.975, \Phi(1.645)=0.95$.）.

【分析】本题是在单个正态总体方差已知条件下,求期望值 μ 的置信区间问题.由教材上已经求出的置信区间 $\left(\overline{x} - u_{\frac{\alpha}{2}}\dfrac{\sigma}{\sqrt{n}}, \overline{x} + u_{\frac{\alpha}{2}}\dfrac{\sigma}{\sqrt{n}}\right)$,其中 $P\{|U|<u_{\frac{\alpha}{2}}\}=1-\alpha$, $U\sim N(0,1)$,可以直接得出答案.

【详解】应填 $(39.51,40.49)$.

由题设知,$1-\alpha=0.95$,

$$P\{|U|<u_{\frac{\alpha}{2}}\} = P\{-u_{\frac{\alpha}{2}}<U<u_{\frac{\alpha}{2}}\} = 2\Phi(u_{\frac{\alpha}{2}})-1 = 0.95, \Phi(u_{\frac{\alpha}{2}})=0.975$$

查得 $u_{\frac{\alpha}{2}}=1.96$.

将 $\sigma=1, n=16, \overline{x}=40$ 代入 $\left(\overline{x} - u_{\frac{\alpha}{2}}\dfrac{\sigma}{\sqrt{n}}, \overline{x} + u_{\frac{\alpha}{2}}\dfrac{\sigma}{\sqrt{n}}\right)$,得置信区间 $(39.51,40.49)$.

【名师评注】

本题考查置信区间估计的一个公式.求解此题的关键是熟记课本上给出的三种置信区间,并理解分位点的定义.当然此题也可以利用下侧分位点来计算.

真题 16（16 年,4 分）设 $x_1,x_2,\cdots,x_n$ 为来自总体 $N(\mu,\sigma^2)$ 的简单随机样本,样本均值 $\overline{x}=9.5$,参数 μ 的置信度为 0.95 的双侧置信区间的置信上限为 10.8,则 μ 的置信度为 0.95 的双侧置信区间为 _____.

【分析】当 σ^2 已知时,μ 的置信区间为 $\left(\overline{x} - u_{0.025}\cdot\dfrac{\sigma}{\sqrt{n}}, \overline{x} + u_{0.025}\cdot\dfrac{\sigma}{\sqrt{n}}\right)$;

当 σ^2 未知时,μ 的置信区间为 $\left(\overline{x} - \dfrac{s}{\sqrt{n}}t_{\frac{\alpha}{2}}(n-1), \overline{x} + \dfrac{s}{\sqrt{n}}t_{\frac{\alpha}{2}}(n-1)\right)$,

上述两个区间的两个端点都是关于 $\overline{x}=9.5$ 对称的,已知右端点为 10.8,很容易求出左端点.

【详解】应填$(8.2, 10.8)$.

(1) 当 σ^2 已知时,

$$P\left\{-u_{0.025} < \frac{\overline{x} - u}{\sigma/\sqrt{n}} < u_{0.025}\right\} = P\left\{\overline{x} - u_{0.025} \cdot \frac{\sigma}{\sqrt{n}} < u < \overline{x} + u_{0.025} \cdot \frac{\sigma}{\sqrt{n}}\right\} = 0.95$$

因为 $\overline{x} + u_{0.025} \cdot \frac{\sigma}{\sqrt{n}} = 10.8$,所以 $u_{0.025} \cdot \frac{\sigma}{\sqrt{n}} = 1.3$,则置信下限为 $\overline{x} - u_{0.025} \cdot \frac{\sigma}{\sqrt{n}} = 8.2$,置信区间为 $(8.2, 10.8)$.

(2) 当 σ^2 未知时,

$$P\left\{-t_{0.025}(n-1) < \frac{\overline{x} - \mu}{s/\sqrt{n}} < t_{0.025}(n-1)\right\}$$

$$= P\left\{\overline{x} - t_{0.025}(n-1) \cdot \frac{s}{\sqrt{n}} < u < \overline{x} + t_{0.025}(n-1) \cdot \frac{s}{\sqrt{n}}\right\} = 0.95$$

因为 $\overline{x} + t_{0.025}(n-1) \cdot \frac{s}{\sqrt{n}} = 10.8$,所以 $t_{0.025}(n-1) \cdot \frac{s}{\sqrt{n}} = 1.3$,所以置信下限为

$$\overline{x} - t_{0.025}(n-1) \cdot \frac{s}{\sqrt{n}} = 8.2$$

于是,置信区间为 $(8.2, 10.8)$.

综上两种情况,μ 的置信度为 0.95 的双侧置信区间为 $(8.2, 10.8)$.

名师评注

本题属于正态总体,对 μ 做双侧置信区间估计,记住公式即可. 本题两个方法都是可行的,因为题目中没有说明 σ^2 是否是已知的,且最后的结果都是一样的.

三 估计量的评选标准(31年6考)

1. 知识要点

(1) **无偏性**:设 $\hat{\theta}(X_1, X_2, \cdots, X_n)$ 为 θ 的估计量,若 $E\hat{\theta} = \theta$,称 $\hat{\theta}$ 为 θ 的无偏估计.

(2) **有效性**:设 $\hat{\theta}_1, \hat{\theta}_2$ 均为 θ 的无偏估计,若 $D\hat{\theta}_1 < D\hat{\theta}_2$,称 $\hat{\theta}_1$ 是比 $\hat{\theta}_2$ 有效的估计量.

(3) **一致性(相合性)**:设 $\hat{\theta}$ 的 θ 的估计量,若 $\forall \varepsilon > 0, \lim\limits_{n \to \infty} P\{|\hat{\theta} - \theta| < \varepsilon\} = 1$,称 $\hat{\theta}$ 为 θ 的一致估计量(相合估计量).

2. 解题思路

此类问题一般用估计量评选标准的定义进行求解,在历年真题中无偏性的考查是最多的.

(1) $E\overline{X} = EX, ES^2 = DX$,即样本均值、样本方差分别是总体期望和总体方差的无偏估计.

(2) 样本的 k 阶原点矩是总体 k 阶原点矩的一致估计.

真题 17（03年,8分）设总体 X 的概率密度为 $f(x)=\begin{cases}2\mathrm{e}^{-2(x-\theta)}, & x>\theta \\ 0, & x\leqslant\theta\end{cases}$，其中 $\theta>0$ 是未知参数. 从总体 X 中抽取简单随机样本 $X_1,X_2,\cdots,X_n$，记 $\hat\theta=\min(X_1,X_2,\cdots,X_n)$.

(1) 求总体 X 的分布函数 $F(x)$

(2) 求统计量 $\hat\theta$ 的分布函数 $F_{\hat\theta}(x)$

(3) 如果用 $\hat\theta$ 作为 θ 的估计量,讨论它是否具有无偏性.

【分析】利用公式 $F(x)=P\{X\leqslant x\}=\int_{-\infty}^{x}f(t)\mathrm{d}t$ 就不难求得 $F(x)$ 和 $F_{\hat\theta}(x)$，无偏性的讨论只需要验证 $E\hat\theta=\theta$ 是否成立即可.

【详解】(1) 由连续型随机变量分布函数的定义,有

$$F(x)=\int_{-\infty}^{x}f(t)\mathrm{d}t=\begin{cases}1-\mathrm{e}^{-2(x-\theta)}, & x>\theta \\ 0, & x\leqslant\theta\end{cases}$$

(2)
$$\begin{aligned}F_{\hat\theta}(x)&=P\{\hat\theta\leqslant x\}=P\{\min(X_1,X_2,\cdots,X_n)\leqslant x\}\\&=1-P\{\min(X_1,X_2,\cdots,X_n)>x\}\\&=1-P\{X_1>x,X_2>x,\cdots,X_n>x\}\\&=1-[1-F(x)]^n\\&=\begin{cases}1-\mathrm{e}^{-2n(x-\theta)}, & x>\theta \\ 0, & x\leqslant\theta\end{cases}\end{aligned}$$

(3) $\hat\theta$ 的概率密度为

$$f_{\hat\theta}(x)=\frac{\mathrm{d}F_{\hat\theta}(x)}{\mathrm{d}x}=\begin{cases}2n\mathrm{e}^{-2n(x-\theta)}, & x>\theta \\ 0, & x\leqslant\theta\end{cases}$$

因为 $$E\hat\theta=\int_{-\infty}^{+\infty}xf_{\hat\theta}(x)\mathrm{d}x=\int_{\theta}^{+\infty}2nx\mathrm{e}^{-2n(x-\theta)}\mathrm{d}x=\theta+\frac{1}{2n}\neq\theta$$

所以 $\hat\theta$ 作为 θ 的估计量不具有无偏性.

名师评注

本题主要考查随机变量的分布函数和概率密度以及估计量的无偏性.这里的 $\hat\theta$ 是样本 $X_1,X_2,\cdots,X_n$ 的函数,可视 $\hat\theta$ 为一个随机变量,并非参数 θ，所以勿写成"$E\hat\theta=\hat\theta$"等不正确的写法.

真题 18（08年,11分）设 $X_1,X_2,\cdots,X_n$ 是总体为 $N(\mu,\sigma^2)$ 的简单随机样本.记

$$\overline{X}=\frac{1}{n}\sum_{i=1}^{n}X_i,\ S^2=\frac{1}{n-1}\sum_{i=1}^{n}(X_i-\overline{X})^2,\ T=\overline{X}^2-\frac{1}{n}S^2$$

(1) 证明 T 是 μ^2 的无偏估计量;

(2) 当 $\mu=0, \sigma=1$ 时,求 DT.

【分析】 (1) 证明 T 是 μ^2 的无偏估计量,只要验证 $ET=\mu^2$ 即可,转化为求 $E\overline{X}$ 与 ES^2.

(2) 当 $\mu=0, \sigma=1$ 时,求 DT 就得转化为求 DS^2,而 DS^2 通过 $(n-1)S^2 \sim \chi^2(n-1)$ 来计算.

【详解】 (1) 因为 $X \sim N(\mu, \sigma^2)$,所以 $E\overline{X}=\mu$,$D\overline{X}=\dfrac{\sigma^2}{n}$.

从而
$$E(T)=E\left(\overline{X}^2-\dfrac{1}{n}S^2\right)=E\overline{X}^2-\dfrac{1}{n}ES^2=D\overline{X}+(E\overline{X})^2-\dfrac{1}{n}ES^2$$
$$=\dfrac{1}{n}\sigma^2+\mu^2-\dfrac{1}{n}\sigma^2=\mu^2$$

所以,T 是 μ^2 的无偏估计量.

(2) 当 $\mu=0, \sigma=1$ 时,由于 $\overline{X}$ 与 S^2 独立,$\overline{X} \sim N\left(0, \dfrac{1}{n}\right)$,即有 $n\overline{X}^2 \sim \chi^2(1)$,$(n-1)S^2 \sim \chi^2(n-1)$,且 $D[\chi^2(n)]=2n$.

所以
$$DT=D\left(\overline{X}^2-\dfrac{1}{n}S^2\right)=D\overline{X}^2+\dfrac{1}{n^2}DS^2$$
$$=\dfrac{1}{n^2}D(n\overline{X}^2)+\dfrac{1}{n^2}\cdot\dfrac{1}{(n-1)^2}D[(n-1)S^2]$$
$$=\dfrac{1}{n^2}\cdot 2+\dfrac{1}{n^2}\cdot\dfrac{1}{(n-1)^2}\cdot 2(n-1)=\dfrac{2}{n(n-1)}$$

名师评注

本题主要考查估计量的无偏性,样本均值、样本方差和 χ^2 的概念及其性质.本题要求熟练应用公式 $EX^2=DX+(EX)^2$,而 $ES^2=DX=\sigma^2$,$E\overline{X}=EX=\mu$ 等是样本数字特征的结论,在解题的过程中还用到了结论:在正态总体下,

① $\overline{X} \sim N\left(\mu, \dfrac{\sigma^2}{n}\right)$; ② $\dfrac{(n-1)S^2}{\sigma^2} \sim \chi^2(n-1)$; ③ $\dfrac{\overline{X}-\mu}{\dfrac{S}{\sqrt{n}}} \sim t(n-1)$; ④ $\overline{X}, S^2$ 相互独立

以上这些结论和公式考生必须掌握与熟记.

真题 19 (09年,4分) 设 $X_1, X_2, \cdots, X_m$ 为来自二项分布总体 $B(n,p)$ 的简单随机样本,$\overline{X}$ 和 S^2 分别为样本均值和样本方差.若 $\overline{X}+kS^2$ 为 np^2 的无偏估计量,则 $k=$ _____.

【分析】 若 $\overline{X}+kS^2$ 为 np^2 的无偏估计量,则有 $E(\overline{X}+kS^2)=np^2$,这样就可以确定出 k.

【详解】 应填 $k=-1$.

由于 $\overline{X}+kS^2$ 为 np^2 的无偏估计量,所以 $E(\overline{X}+kS^2)=np^2$.

而 $$E(\overline{X}+kS^2)=E(\overline{X})+kE(S^2)=np+knp(1-p)$$

有 $np+knp(1-p)=np^2$,则 $1+k(1-p)=p$,于是 $k=-1$.

名师评注

本题主要考查估计量的无偏性,样本均值、样本方差和二项分布的概念及其性质.

真题 20 (10年,11分) 设总体 X 的概率分布为

X	1	2	3
p	$1-\theta$	$\theta-\theta^2$	θ^2

其中参数 $\theta \in (0,1)$ 未知. 以 N_i 表示来自总体 X 的简单随机样本(样本容量为 n)中等于 i 的个数,$i=1,2,3$. 试求常数 a_1,a_2,a_3,使 $T=\sum_{i=1}^{3} a_i N_i$ 为 θ 的无偏估计量,并求 T 的方差.

【分析】无偏估计要求 $ET = E(\sum_{i=1}^{3} a_i N_i) = \theta$,$N_i$ 是样本 $X_1,X_2,\cdots,X_n$ 中取 i 值的个数. 如果把样本中取 i 值看成是试验成功,取其它值看成试验失败,则样本的 n 个分量看成是 n 重独立重复试验. 如果出现 i 的概率为 i,则 $N_i \sim B(n,p_i)$,这时 $EN_i = np_i$,$DN_i = np_i(1-p_i)$.

【详解】记 $p_1 = 1-\theta$,$p_2 = \theta-\theta^2$,$p_3 = \theta^2$. 由于 $N_i \sim B(n,p_i)$,$i=1,2,3$,故 $EN_i = np_i$. 于是

$$ET = E(\sum_{i=1}^{3} a_i N_i) = \sum_{i=1}^{3} a_i EN_i = a_1 \cdot n(1-\theta) + a_2 \cdot n(\theta-\theta^2) + a_3 \cdot n\theta^2$$
$$= n[a_1 + (a_2-a_1)\theta + (a_3-a_2)\theta^2] = \theta$$

比较两边的系数,得 $a_1 = 0$,$a_2 = a_3 = \frac{1}{n}$.

由于 $N_1 + N_2 + N_3 = n$,故 $T = \frac{1}{n}(N_2 + N_3) = \frac{1}{n}(n - N_1) = 1 - \frac{N_1}{n}$

注意到 $N_1 \sim B(n,p_1)$,故 $DT = D\left(1 - \frac{N_1}{n}\right) = \frac{1}{n^2} DN_1 = \frac{(1-\theta)\theta}{n}$.

名师评注

本题主要考查估计量的无偏性,二项分布的数学期望与方差. 解本题的关键是要将 N_i 抽象成为一个二项分布的随机变量.

真题 21 (14年,4分) 设总体 X 的概率密度为 $f(x;\theta) = \begin{cases} \frac{2x}{3\theta^2}, & \theta < x < 2\theta \\ 0, & \text{其它} \end{cases}$,其中 θ 是未知参数,$X_1,X_2,\cdots,X_n$ 为来自总体 X 的简单随机样本,若 $c\sum_{i=1}^{n} X_i^2$ 是 θ^2 的无偏估计,则 $c=$ _____.

【分析】由 $c\sum_{i=1}^{n} X_i^2$ 是 θ^2 的无偏估计得 $E(c\sum_{i=1}^{n} X_i^2) = \theta^2$,只需要计算出 $E(c\sum_{i=1}^{n} X_i^2)$ 即可,

而 $E\left(c\sum_{i=1}^{n}X_i^2\right) = c\sum_{i=1}^{n}EX_i^2 = c\sum_{i=1}^{n}EX^2$,转化为计算 $EX^2 = \int_{-\infty}^{+\infty}x^2 f(x;\theta)\mathrm{d}x$.

【详解】应填 $\dfrac{2}{5n}$.

因为
$$EX^2 = \int_{-\infty}^{+\infty}x^2 f(x;\theta)\mathrm{d}x = \int_0^{2\theta}x^2\cdot\dfrac{2x}{3\theta^2}\mathrm{d}x = \dfrac{5}{2}\theta^2$$

$X_1,X_2,\cdots,X_n$ 为来自总体 X 的简单样本,故
$$E\left(c\sum_{i=1}^{n}X_i^2\right) = c\sum_{i=1}^{n}EX_i^2 = c\sum_{i=1}^{n}EX^2 = c\cdot\dfrac{5n}{2}\theta^2 = \theta^2$$

由此可得,$c = \dfrac{2}{5n}$.

名师评注

本题考查无偏估计的定义以及随机变量的数学期望的计算,属于基本的常见题型.因为 $X_1,X_2,\cdots,X_n$ 为样本,故它们独立同分布,所以 $EX_i^2 = EX^2$.

真题 22(16 年,11 分) 设总体 X 的概率密度为 $f(x,\theta) = \begin{cases}\dfrac{3x^2}{\theta^3}, & 0 < x < \theta \\ 0, & \text{其他}\end{cases}$,其中 $\theta\in(0,+\infty)$ 为未知参数,X_1,X_2,X_3 为来自总体 X 的简单随机样本,令 $T = \max(X_1,X_2,X_3)$.

(1) 求 T 的概率密度;

(2) 确定 a,使得 aT 为 θ 的无偏估计.

【分析】(1) 先计算 T 的分布函数 $F_T(t) = P\{T\leqslant t\} = P\{\max(X_1,X_2,X_3)\leqslant t\}$,再求 T 的概率密度函数.

(2) 若 aT 为 θ 的无偏估计,则 $E(aT) = \theta$,则转化为计算 T 的数学期望然后解出常数 a,而 T 的数学期望可以通过(1)中的概率密度求出.

【详解】(1) 根据题意,X_1,X_2,X_3 独立同分布,设 T 的分布函数为 $F_T(t)$,则
$$F_T(t) = P\{T\leqslant t\} = P\{\max(X_1,X_2,X_3)\leqslant t\} = P\{X_1\leqslant t, X_2\leqslant t, X_3\leqslant t\}$$
$$= P\{X_1\leqslant t\}P\{X_2\leqslant t\}P\{X_3\leqslant t\} = (P\{X_1\leqslant t\})^3$$

当 $t < 0$ 时,$F_T(t) = 0$.

当 $0\leqslant t < \theta$ 时,$F_T(t) = \left(\int_0^t\dfrac{3x^2}{\theta^3}\mathrm{d}\theta\right)^3 = \dfrac{t^9}{\theta^9}$.

当 $t\geqslant\theta$ 时,$F_T(t) = 1$.

则 $F_T(t) = \begin{cases}0, & t < 0 \\ \dfrac{t^9}{\theta^9}, & 0\leqslant t <\theta \\ 1, & t\geqslant\theta\end{cases}$,所以 $f_T(t) = \begin{cases}\dfrac{9t^8}{\theta^9}, & 0 < t <\theta \\ 0, & \text{其它}\end{cases}$.

(2) 若 aT 为 θ 的无偏估计,则 $E(aT)=\theta$,

而 $$E(aT)=aET=a\int_0^\theta t\,\frac{9t^8}{\theta^9}\mathrm{d}t=\frac{9}{10}a\theta$$

根据题意,$E(aT)=\dfrac{9}{10}a\theta=\theta$,即 $a=\dfrac{10}{9}$ 时,aT 为 θ 的无偏估计.

> **名师评注**
>
> 本题考查连续型随机变量函数的概率密度计算以及统计量的无偏性.在计算过程中 $P\{X_1\leqslant t\}P\{X_2\leqslant t\}P\{X_3\leqslant t\}=(P\{X_1\leqslant t\})^3$ 用到了 X_1,X_2,X_3 独立同分布.本题求 T 的分布函数也可以通过先求 X 的分布函数 $F(x)=\int_{-\infty}^x f(t;\theta)\mathrm{d}t$,然后通过上述计算可得 $F_T(t)=(P\{X_1\leqslant t\})^3=[F(t)]^3$,其中 $F(t)$ 是随机变量 X 的分布函数,勿与 T 的分布函数为 $F_T(t)$ 混淆.

第八章 假设检验

考试概况

假设检验又称统计假设检验(显著性检验只是假设检验中最常用的一种方法),是一种基本的统计推断形式,也是数理统计学的一个重要的分支,用来判断样本与样本,样本与总体的差异是由抽样误差引起还是本质差别造成的统计推断方法.

假设检验的基本原理是先对总体的特征作出某种假设,然后通过抽样研究的统计推理,对此假设应该被拒绝还是接受作出推断.考研大纲规定了以下考试内容:

(1) 理解显著性检验的基本思想;掌握假设检验的基本步骤;了解假设检验可能产生的两类错误.

(2) 掌握单个及两个正态总体的均值和方差的假设检验.

命题分析

在31年考研真题中,有关假设检验的考题只有1998年考过一道.这部分内容主要是正态总体下的样本均值和样本方差的假设检验.其内容和计算方法与第七章的区间估计比较相像.

趋势预测

根据历年真题的命题规律,2018年考研考查本章的可能性很小,但是考生还是需要在考前花时间来复习本章的内容.

复习建议

在理解假设检验的基本概念的基础上可以与区间估计结合起来进行复习,它们在选用统计量方面有很多相似之处,但是要注意检验的两类错误的区别.同时,建议考生掌握假设检验的推导,而不是死记公式.

| 假设检验 | 31年1考 |

真题全解

一、假设检验（31年13考）

1. 知识要点

假设检验是在总体的分布函数未知（或仅知其形式但未知其参数）的前提下，对总体某些性态作出某种假设，再利用样本值来检验这一假设是否可取．

假设检验的统计思想是：概率很小的事件在一次试验中可以认为基本上是不会发生的，即小概率原理．

为了检验一个假设 H_0 是否成立，先假定 H_0 是成立的，如果根据这个假定导致了一个不合理的事件发生，那就表明原来的假定 H_0 是不正确的，拒绝接受 H_0；如果由此没有导出不合理的现象，则不能拒绝接受 H_0，称 H_0 是相容的．

2. 解题思路

假设检验的基本步骤

（1）提出零假设 H_0．

（2）选择统计量 K．

（3）对于检验水平 α 查表找分位数 l．

（4）由样本值 $x_1, x_2, \cdots, x_n$ 计算统计量之值 $\hat{K}$．

（5）将 $\hat{K}$ 与 l 进行比较，作出判断：当 $|\hat{K}| > l$（或 $\hat{K} > l$）时否定 H_0，否则认为 H_0 相容．

单个正态总体的假设检验（显著性水平为 α）

原假设	备择假设	统计量	拒绝域
(σ^2 已知)			
$\mu \geqslant \mu_0$	$\mu < \mu_0$	$Z = \dfrac{\overline{X} - \mu_0}{\sigma/\sqrt{n}} \sim N(0,1)$	$\Omega = \{z \mid z \leqslant -z_\alpha\}$
$\mu = \mu_0$	$\mu \neq \mu_0$		$\Omega = \{z \mid |z| \geqslant z_{\alpha/2}\}$
$\mu \leqslant \mu_0$	$\mu > \mu_0$		$\Omega = \{z \mid z \geqslant z_\alpha\}$
(σ^2 未知)			
$\mu \geqslant \mu_0$	$\mu < \mu_0$	$t = \dfrac{\overline{X} - \mu_0}{S/\sqrt{n}} \sim t(n-1)$	$\Omega = \{t \mid t \leqslant -t_\alpha(n-1)\}$
$\mu = \mu_0$	$\mu \neq \mu_0$		$\Omega = \{t \mid |t| \geqslant t_{\alpha/2}(n-1)\}$
$\mu \leqslant \mu_0$	$\mu > \mu_0$		$\Omega = \{t \mid t \geqslant t_\alpha(n-1)\}$
$\sigma^2 \geqslant \sigma_0^2$	$\sigma^2 < \sigma_0^2$	$\chi^2 = \dfrac{(n-1)S^2}{\sigma_0^2}$	$\Omega = \{\chi^2 \mid \chi^2 \leqslant \chi^2_{1-\alpha}(n-1)\}$
$\sigma^2 = \sigma_0^2$	$\sigma^2 \neq \sigma_0^2$	$\sim \chi^2(n-1)$	$\Omega = \{\chi^2 \mid \chi^2 \leqslant \chi^2_{1-\alpha/2}(n-1) \cup \chi^2 \geqslant \chi^2_{\alpha/2}(n-1)\}$
$\sigma^2 \leqslant \sigma_0^2$	$\sigma^2 > \sigma_0^2$		$\Omega = \{\chi^2 \mid \chi^2 \geqslant \chi^2_\alpha(n-1)\}$

真题 23（98 年,4 分）设某次考试的学生成绩服从正态分布,从中随机地抽取 36 位考生地成绩,算得平均成绩为 66.5 分,标准差为 15 分. 问在显著性水平 0.05 下,是否可以认为这次考试全体考生的平均成绩为 70 分？并给出检验过程.

t 分布表 $(P\{t(n)\leqslant t_p(n)\}=p)$

n \ p	0.95	0.975
35	1.6896	2.0301
36	1.6883	2.0281

【分析】设该次考试的考生成绩为 X, $X\sim N(\mu,\sigma^2)$,本题是在显著性水平 $\alpha=0.05$ 下假设检验：$H_0:\mu=70, H_1:\mu\neq 70$. 由于 σ^2 未知,所以选择 t 分布进行检验.

【详解】设该次考试的考生成绩为 X, $X\sim N(\mu,\sigma^2)$,把从 X 中抽取的容量为 n 的样本均值记为 $\overline{X}$,样本标准差记为 S,则本题是在显著性水平 $\alpha=0.05$ 下假设检验：

$$H_0:\mu=70, H_1:\mu\neq 70$$

拒绝域为

$$|t|=\frac{|\overline{x}-70|}{s}\sqrt{n}\geqslant t_{1-\frac{\alpha}{2}}(n-1)$$

由 $n=36, \overline{x}=66.5, s=15, t_{0.975}(36-1)=2.0301$,算得

$$|t|=\frac{|66.5-70|}{15}\sqrt{36}=1.4<2.0301$$

所以接受假设 $H_0:\mu=70$,即在显著性水平 0.05 下,可以认为这次考试全体考生的平均成绩为 70 分.

名师详注

本题考查正态总体方差未知情形下对总体期望的假设检验. 应该注意,① 本题中的表 4 为"下侧分位点"表(可从 $P\{t(n)\leqslant t_p(n)\}=p$ 看出),所以拒绝域里也需要用下侧分位点表示(若将 $t_{1-\frac{\alpha}{2}}(n-1)$ 改为 $t_{\frac{\alpha}{2}}(n-1)$,就成了上侧分位点了),这和教材给出的是不一样的,需要考生们注意；② 解题过程中原假设 H_0、拒绝域等需要写出,而拒绝域的由来可以不写；③ 注意理解题中的"标准差"是指"样本的标准差 s",如理解成了总体的标准差 σ 就错了,此时 σ 如果已知,则需要选择正态分布 $N(0,1)$ 进行检验,而本题在 σ 未知的情形下选择的是 t 分布进行检验.

参 考 文 献

[1] 教育部考试中心.2017年全国硕士研究生招生考试数学考试大纲[M].北京:高等教育出版社,2016.
[2] 盛骤,谢式千,潘承毅.概率论与数理统计[M].4版.北京:高等教育出版社,2010.
[3] 张同斌.考研数学真题分类详解:数学一[M].北京:北京理工大学出版社,2017.
[4] 李昌兴.概率论与数理统计辅导[M].西安:陕西人民教育出版社,2009.
[5] 李昌兴.概率统计简明教程重点难点考点辅导与精析[M].西安:西北工业大学出版社,2010.

[天天考研]

学府旗下小班直播课品牌，足不出户与名师互动上课

网址：www.360kaoyan.com

· 天天考研APP ·

· 扫描下载APP ·

[学府APP]

下载学府考研APP,可免费享受以下高端增值服务

1. 任课教师全程答疑,语音、图片、文字交流互动。
2. 上课视频手机APP免费观看回放。
3. 课外免费选修课直播教学。
4. 学府手机背单词软件,既方便又快捷。
5. 每日一练,天天做题,天天讲评,学习既高效又便捷。
6. 在线交流,与同学互动无障碍。

学府考研APP

·扫描下载APP·

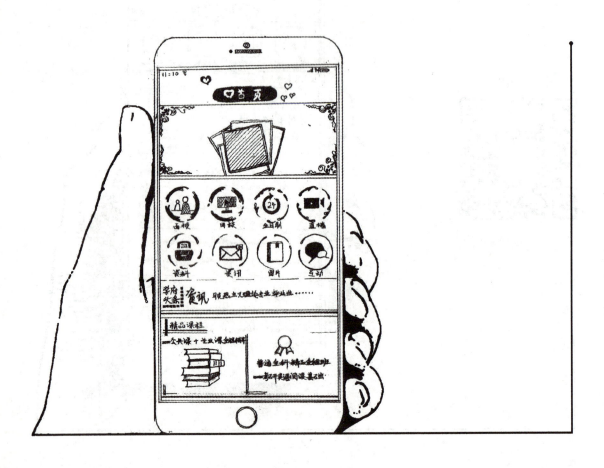